AF575020

X.media.press ist eine praxisorientierte Reihe zur Gestaltung und Produktion von Multimedia-Projekten sowie von Digital- und Printmedien.

Armin Grasnick

3D ohne 3D-Brille

Handbuch der Autostereoskopie

Armin Grasnick
Moos-Bankholzen, Deutschland

ISSN 1439-3107
X.media.press
ISBN 978-3-642-30509-2 ISBN 978-3-642-30510-8 (eBook)
DOI 10.1007/978-3-642-30510-8

Die Deutsche Nationalbibliothek verzeichnet diese Publikation in der Deutschen Nationalbibliografie; detaillierte bibliografische Daten sind im Internet über http://dnb.d-nb.de abrufbar.

Springer Vieweg

Gedruckt auf säurefreiem und chlorfrei gebleichtem Papier.

Springer Vieweg ist Teil von Springer Nature
Die eingetragene Gesellschaft ist Springer-Verlag GmbH Berlin Heidelberg

In Gedenken an meinen Mentor und Freund Christoph Baron von Düsterlohe, dessen souveräne Gelassenheit und unerschütterliche Heiterkeit mir als beständige Ratgeber zur Überwindung der täglichen Widrigkeiten dienen.

Für meine geliebte Frau Annett, die in den vergangenen Jahren den von mir dauerhaft vergessenen Alltag so vortrefflich bewerkstelligt hat, dass ich nunmehr glaube, in einem vollständig automatisierten Haushalt zu leben.

Vorwort

Ende 2009 kam der 3D-Blockbuster „Avatar“ in die Kinos und wurde einer der erfolgreichsten Filme aller Zeiten. Der kommerzielle Erfolg der Stereoskopie (3D mit Brille) führte in der Folge zu einem massivem „roll-out“ von 3D-Filmen und 3D-Fernsehern. Mittlerweile sind 3D-Darstellungen zu einem alltäglichen Ereignis geworden, und es gelingt längst nicht mehr, den Kinobesucher durch einzelne 3D-Effekte zu überraschen. Das Publikum hat inzwischen auch die unangenehmen Nebenwirkungen des 3D-Kinos erkannt und beginnt, die Brauchbarkeit der 3D-Brille zu hinterfragen. Mit zunehmender Vertrautheit mit der bisherigen Technik steigt auch der Wunsch nach Verbesserung.

Neben den allgemein bekannten Brillentechniken existieren aber auch Verfahren, die keine 3D-Brille bei der Wiedergabe benötigen. Die Verfahren der 3D-Darstellung ohne Brille werden unter der Bezeichnung Autostereoskopie zusammengefasst.

Das vorliegende Buch beschreibt die derzeit verfügbaren Technologien der Autostereoskopie deren Funktionsweise, Anwendung und Limitierung.

Halbinsel Höri im Bodensee im Winter 2016 — Armin Grasnick

Inhaltsverzeichnis

Einleitung 1

Großartig oder grauenhaft?
Natürliches 3D ist in der Realität allgegenwärtig, für jedermann beiläufig und ohne Anstrengungen konsumierbar. Der uns umgebende reale Raum existiert ohne unser Zutun, die räumliche Wahrnehmung erfolgt unbewusst. Der 3D-Eindruck fällt erst dann ins Gewicht, wenn er wegfällt, z. B. in einer künstlich erzeugten Abbildung oder einem flachen Bild.

Künstliches 3D ist dagegen schwer zu erzeugen und häufig fehlerbehaftet. So hat sich z. T. eine vorgefasste, bisweilen ablehnende Meinung gebildet. Und es ist wahr: 3D ist wenig glamourös und verfügt über keinen großen Glitzerfaktor. 3D ist weder Bestandteil einer klassisch humanistischen Bildung noch ein allgemein erstrebenswerter Lebenstraum.

Wird man gefragt: „Womit beschäftigen Sie sich derzeit?", reicht die Antwort „3D" in der Regel nicht aus, um beim Gegenüber Begeisterung zu erzeugen: „3D – ja das kenne ich, diese schrecklichen Brillen, die Wackelbilder aus der Kellog's-Schachtel!"

Man könnte jetzt erklären, das war früher, da gibt es heute ganz ernsthafte Anwendungen, erstaunliche Technologien, neuerdings sogar Filme im Kino, in 3D und digital. Sie werden zwangsläufig irgendwann an jemanden geraten, dem im „Avatar" unglaublich schlecht geworden ist, und natürlich macht er dann Sie für sein Unwohlsein verantwortlich. „*Das* machen *Sie*?" Vielleicht haben Sie aber auch Glück und geraten nur in den Verdacht, ein fanatischer Anhänger von Raumschiff Enterprise und Star Wars zu sein …

Ist das wahr? Sind Sie ein Freak? Wenigstens ein bisschen? Gut. Dann sind Sie hier richtig! Die Entwicklung neuer Technologien setzt neben dem notwendigen Grundlagenwissen auch Neugier und Kreativität voraus, neue Ideen basieren immer auch auf einer ungewöhnlichen, überraschenden Sichtweise.

Wackelbilder oder 3D-Filme sind bekannte Arten aus der Frühzeit der 3D-Darstellung, Dinosaurier der Stereoskopie. Dennoch stellen diese Entwicklungen einen wichtigen Schritt in der 3D-Evolution dar. Das Funktionsprinzip der historischen Stereoskopie ist eine notwendige Grundlage für das Verständnis aktueller Technologien.

A. Grasnick, *3D ohne 3D-Brille*, X.media.press, DOI 10.1007/978-3-642-30510-8_1

Tatsächlich findet sich auch in neuen, revolutionären Formen der räumlichen Darstellung ein erstaunlich hoher Anteil an stereoskopischem „Erbgut“. Dieses „3D-Gen“ spielt eine entscheidende Rolle bei der 3D-Wahrnehmung. Die Stereoskopie ist im allgemeinen Verständnis allerdings mit der Nutzung einer 3D-Brille verknüpft.

Funktioniert 3D aber auch ohne 3D-Brille? Nun, man könnte jetzt die 3D-Bilder vom Kiosk erwähnen. Technisch gesehen handelt es sich dabei um autostereoskopische Prints. Die Wortschöpfung „autostereoskopisch“ beschreibt zunächst einmal nur den sich selbsttätig einstellenden Raumeindruck, wobei diese Bezeichnung lediglich den Wegfall der 3D-Brille meint. Die häufig anzutreffende Gleichsetzung von Autostereoskopie mit „3D ohne Hilfsmittel“ ist falsch, wie später noch gezeigt wird. Hilfsmittel zur Erzeugung des 3D-Bildes werden immer benötigt – wenn auch nicht immer eine Brille.

Mit einigem Recht könnten Sie nun fragen, was mich in Anbetracht der vorherigen Betrachtungen dazu bewogen hat, mich gerade diesem Thema so eingehend zu widmen. Mitte der 1990er-Jahre beschäftigte ich mich unter anderem mit der Erstellung von 3D-Prints, die den späteren Umbau des Berliner Bahnhofs Potsdamer Platz virtualisierten. Tatsächlich fanden diese 3D-Bilder ein gewisses Interesse, sodass der naheliegende Wunsch nach Interaktion mit dem Modell aufkam. Nach diversen Versuchen und Fehlschlägen konnte ich wenige Jahre später nicht nur einen funktionsfähigen 3D-Monitor präsentieren, sondern darauf bereits einen 3D-Realfilm präsentieren (Abb. 1.1 Realfilmaufnahme mit

Abb. 1.1 Der Autor bei der Aufnahme eines autostereoskopischen Films am Ende des 20. Jahrhunderts

acht parallelen Kameras). Dieser Monitor war aber kein „gewöhnlicher“ 3D-Bildschirm, sondern wies einen entscheidenden Vorzug gegenüber dem Stand der Technik auf:

3D ohne 3D-Brille

Ich möchte Sie im Folgenden mit dem Nutzen des 3D-Sehens vertraut machen, Ihnen die Probleme der 3D-Brille erläutern und die Möglichkeiten der Autostereoskopie darstellen.

Im Kapitel „Evolution der Raumbilder“ möchte ich Ihnen aufzeigen, dass der Wunsch nach möglichst realistischer Nachbildung der Wirklichkeit keine neuzeitliche Erfindung ist, sondern bereits seit der Steinzeit existiert. Dieses Verlangen nach weitgehender Übereinstimmung mit der Natur brachte nicht nur die uns noch heute bekannten Felsenmalereien und Skulpturen hervor, sondern führte in der Folge auch zu den perspektivischen Darstellungen des griechischen Bühnenmalers Agatharchos. Diese Frühformen der Perspektive wurden durch die Schriften des Vitruv von den schriftkundigen Mönchen des Mittelalters an die Maler der Renaissance überliefert, die den Grundstein realistischer Darstellung legten.

Das Kapitel „Raumwahrnehmung“ wird nicht nur zeigen, dass die perspektivischen Elemente und Wirkungen eines flachen Bildes schon Künstlern wie da Vinci bekannt waren, sondern geht insbesondere auf die Funktionsweise des räumlichen Sehens ein. Dabei wird auch erläutert, dass die Wahrnehmung sich nicht nur auf die optische Abbildung des Auges beschränkt, sondern in besonderer Weise von der Leistungsfähigkeit des menschlichen Gehirns abhängt.

Sie werden einiges über die Entwicklung der Raumbildtechnik erfahren, aber auch über die Verfahren und Limitationen der verwendeten Technik. Die technischen Details einzelner Techniken sind jeweils an ausgewählten Beispielen illustriert, die aus heutiger Kenntnis ein erstes Auftreten einer bestimmten Methode markieren.

Unbedingt notwendig ist aus meiner Sicht die Kenntnis der Grenzen der Stereoskopie, das Verständnis für die Probleme stereoskopischer Präsentationen, die letztlich zu dem zyklischen Auftauchen und Verschwinden der 3D-Darstellung beiträgt – dem Hype-Cycle.

In der Beschreibung der autostereoskopischen Bildschirmtechnik wurde von mir eine subjektive Auswahl vorgenommen – nicht jeder einzelne Erfinder oder jedes Unternehmen konnte Erwähnung finden. Ich habe dennoch versucht, die Autostereoskopie so allgemein wie möglich zu beschreiben und so die Ähnlichkeiten der einzelnen Verfahren auf eine gemeinsame Grundlage zurückzuführen. Neben den Erläuterungen zur technischen Wirkungsweise verschiedener autostereoskopischer Bildschirme sollen auch grundlegende Anleitungen zur Erstellung autostereoskopischer Bilder gegeben werden.

Am Schluss des Buches habe ich mir erlaubt, einen kleinen Einblick in mein aktuelles Forschungsgebiet zu geben, der gleichzeitig auch einen Ausblick auf die Möglichkeiten der Autostereoskopie bietet.

Dieses Buch soll Ihnen nicht nur einen Überblick über die brillenfreie 3D-Darstellung geben, sondern v. a. eines sein: ein praktikabler Begleiter bei der Arbeit mit 3D – ein Handbuch der Autostereoskopie.

2 Die Evolution der Raumbilder

2.1 Binokulare Dominanz

Die Erkennung der natürlichen Umgebung durch den Menschen erfolgt grundsätzlich räumlich und unwillkürlich. Zur Erzeugung des räumlichen Eindrucks werden keinerlei Hilfsmittel benötigt, die Raumwahrnehmung arbeitet automatisch und bedarf keiner willentlichen Aktivierung.

Das dafür zuständige visuelle System war bereits den frühen Primaten eigen.

Es ist vielleicht überraschend, aber tatsächlich existiert heute kein einziges Lebewesen auf der Erde, das nur über ein einziges, hoch entwickeltes Auge verfügt (von den einfachen Medianaugen einiger Krebstiere und Insekten abgesehen). In den Millionen von Jahren, in denen durch zufällige Variation immer wieder neue Arten hervorgebracht oder durch natürliche Auslese vernichtet wurden, konnte sich kein langfristig überlebensfähiges zyklopisches Lebewesen entwickeln. Im Sinne der darwinistischen Evolutionstheorie scheint das Vorhandensein zweier Augen und damit die Möglichkeit zur Einschätzung von Entfernungen evolutionär von erheblichem Vorteil zu sein.

Bei den einfachen Lebewesen konnten sich verschiedene Sehsysteme durchsetzen.

Lässt man die simpelsten Entwürfe beiseite, die ohne eine optische Abbildung auskommen (z. B. Flach- oder Grubenaugen), haben sich im Wesentlichen 3 Augentypen durchgesetzt: Facetten-, Loch- und Linsenaugen. Der optische Aufbau der Augen und deren Anordnung bestimmen letztlich die Eigenschaften des Sehapparates.

So gibt es zwischen den einzelnen Typen eine deutliche Varianz im Gesichtsfeld. Das Facettenauge (z. B. einer Fliege) hat mit 360° eine vollständige Rundumsicht, das menschliche Linsenauge kann selbst in jüngeren Jahren nicht einmal 180° erreichen. Weitere Unterschiede finden sich in der Auflösung, der Helligkeit oder der Bildqualität des Seheindrucks, den wahrnehmbaren Farben und sogar der Position der Augen.

Bei allen hoch entwickelten Lebewesen sind heute allerdings nur Linsenaugen, jeweils in zweifacher Ausführung und horizontaler Anordnung, zu finden. Im Sinne der Ziel-

A. Grasnick, *3D ohne 3D-Brille*, X.media.press, DOI 10.1007/978-3-642-30510-8_2

stellung dieses Buches ist es ausreichend, sich nur den höheren Säugetieren und dabei insbesondere dem Menschen sowie dessen Vorfahren, den Primaten, zu widmen.

Zu den urzeitlichen Primaten liegen nur wenige gesicherte Informationen vor. Bei den wenigen erhaltenen Fossilien ist jedoch eines auffällig: Bereits in diesem frühen Stadium der Entwicklungsgeschichte lässt sich das Vorhandensein zweier Augen, die so angeordnet sind, dass ein 3D-Sehen möglich ist, nachweisen.

Hintergrundinformationen

Das älteste bekannte Primatenskelett wurde vor einigen Jahren (2002) in der chinesischen Hubei-Provinz von einer Gruppe um den Forscher Xijun Ni (Chinesische Akademie der Wissenschaften) gefunden [1]. Es datiert auf etwa 55 Mio. Jahre und gilt als die früheste Verbindung zur menschlichen Entstehungsgeschichte. Die Fossilien wurden einem engen Verwandten unserer Vorfahren, der Primatenfamilie „Trockennasenaffen“ (*Haplorrhini*) und darin einer neuen Gattung, „*Archicebus achilles*“ (Abb. 2.1), zugeordnet. Die Bezeichnung „*Archicebus achilles*“ ist eine Zusammensetzung aus dem griechischen Wort für Ursprung („arche“), dem wissenschaftlichen Namen des Kapuzineräffchens („cebus“) sowie dem Namen des homerischen Helden Achilles.

Ein Mitglied der Forschergruppe, Christopher Beard vom Carnegie Museum of Natural History in Pittsburgh, erklärt die Namensbildung so [2]:

> The heel bone is the reason we named it Achilles in the end . . .

Zu den *Haplorrhini* gehören die Menschenaffen und schließlich auch der Mensch. Von unseren gemeinsamen Vorfahren, den Trockennasenaffen, sind bislang zwar noch keine fossilen Überreste entdeckt worden, dennoch werden diese neben den Feuchtnasenaffen als Unterordnung der Ordnung der Primaten eingegliedert.

Es wird allgemein angenommen, dass die Anordnung der Augen sich evolutionär an die Lebensweise der Art angepasst hat. Für Fluchttiere (beispielsweise Pferde) ist eine permanente Rundumsicht vorteilhaft. Das spricht für eine vorzugsweise seitliche Anordnung der Augen am Kopf. Die Sehfelder der Einzelaugen überschneiden sich dadurch wenig und lassen nur einen schmalen Korridor zu, in dem ununterbrochenes Raumsehen möglich ist. Dieser Korridor liegt aber vorteilhaft in der gewöhnlichen Bewegungsrichtung des Tieres angeordnet, sodass auch bei schnellem Galopp Hindernisse zuverlässig erkannt werden

Abb. 2.1 Künstlerische Interpretation des *Archicebus achilles*. (Mit freundl. Genehmigung von Xijun Ni; Chinesische Akademie der Wissenschaften)

können. Der dadurch fehlende seitliche Raumeindruck kann dabei auch einäugig durch Bewegung des Kopfes gewonnen werden.

Für bestimmte Lebewesen (z. B. Raubtiere) hat sich dagegen ein nach vorne gerichtetes Sehen durch nebeneinander angeordnete Augen bewährt. Das gewährleistet neben einem ausgezeichneten räumlichen Sehen auch die hoch aufgelöste Fixierung von Beutetieren.

2.2 Plastische Reproduktionen

2.2.1 Jungpaläolithische Kleinkunst

Auch schon beim Frühmenschen lieferte die vorwärts gerichtete Beidäugigkeit ein exzellentes Raumbild und damit eine gewohnheitsmäßige Wahrnehmung von Entfernungen und Abmessungen. Der Wunsch nach möglichst wirklichkeitsnaher Darstellung existiert daher vermutlich seit Beginn künstlerischer Betätigung und hat sich spätestens im Jungpaläolithikum in figürlichen Darstellungen manifestiert.

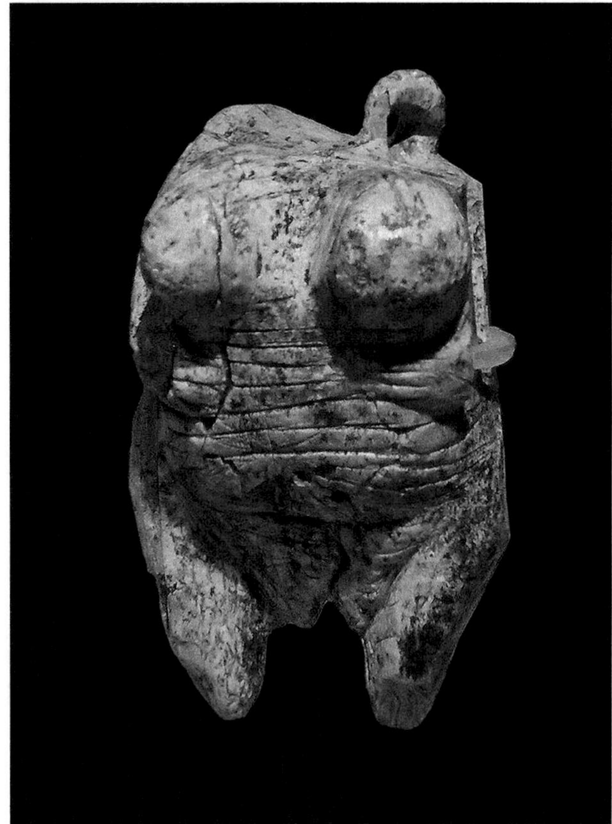

Abb. 2.2 Venus vom Hohlefels, Mammut-Elfenbein. (Foto: Thilo Parg/Wikimedia Commons)

Die im September 2008 in der Höhle „Hohlefels“ im Achtal bei Schelklingen aufgefundene „Venus vom Hohlefels“ (Abb. 2.2; [3]) ist eine steinzeitliche, anatomisch korrekte Miniatur einer weiblichen Person der Altsteinzeit und stellt wohl die älteste naturalistische Interpretation der Realität durch einen Künstler dar.

Die Figur wurde vor etwa 35.000 bis 40.000 Jahren aus Mammutelfenbein gefertigt und befindet sich heute im Urgeschichtlichen Museum in Blaubeuren [4].

Hintergrundinformationen
Unbekannt bleibt der Grad der Wirklichkeitsnähe des Kunstwerkes. Setzt man aber eine große Ähnlichkeit der damaligen Cromagnonmenschen mit dem heutigen Homo sapiens voraus, so darf eine gewisse künstlerische Freiheit unterstellt werden.

Der Archäologe Mellars von der Cambridge University hat die Figur in einen eindeutigeren Zusammenhang gebracht [5]:

> And the figure is explicitly – and blatantly – that of a woman, with an exaggeration of sexual characteristics … that by twenty-first-century standards could be seen as bordering on the pornographic.

Abb. 2.3 Aphrodite von Milos (Venus de Milo) im Louvre. (Foto: Shawn Lipowski/Wikimedia Commons)

Dieses im Wissenschaftsmagazin *Nature* veröffentlichte Statement wurde in der Onlineausgabe um ein Video mit dem Titel „Prehistoric Pin-up" [6] ergänzt, wodurch sich ein gewisses Interesse der Presse einstellte und somit auch ein höherer Bekanntheitsgrad erreicht wurde.

So titelte z. B. *Der Spiegel* [7] „Venus-Fund auf Schwäbischer Alb: Steinzeit-Sexsymbol betört Forscher". Im *Handelsblatt* war zu lesen [8]:„Das älteste Pin-up stammt aus Schwaben".

Allerdings bleibt Mellars Deutung umstritten [9].

2.2.2 Griechische und römische Skulpturen

Diese und ähnliche realitätsnahe Skulpturen (etwa die „Venus von Willendorf" [10]) waren für viele Jahrtausende eine unübertreffliche Möglichkeit, die Welt in ihren Raumdimensionen (Länge, Breite, Höhe) wiederzugeben, obgleich sich im Verlauf der Zeit Stil und handwerkliche Möglichkeiten veränderten. In vielen Museen weltweit kann man noch heute Kunstwerke aus der griechischen und römischen Antike bewundern. Ein bekanntes

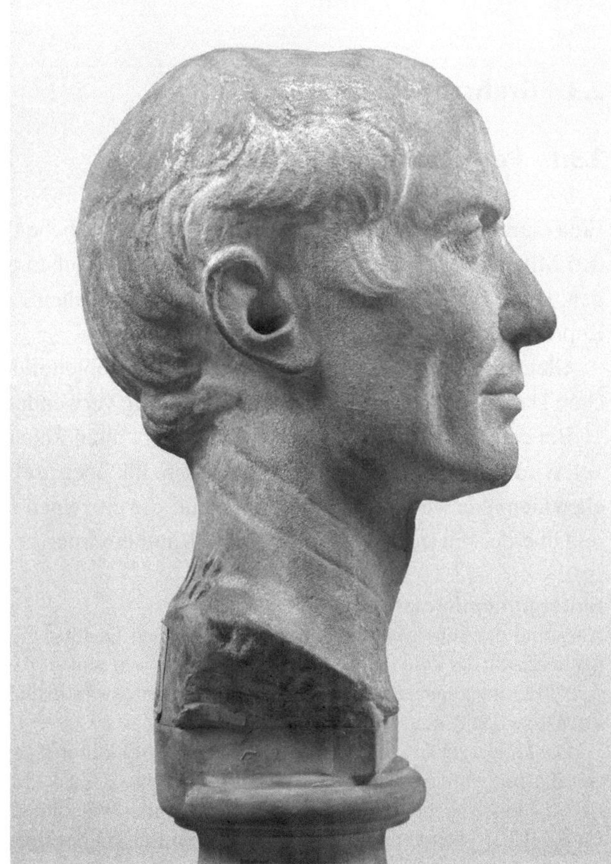

Abb. 2.4 Porträtkopf des Gaius Julius Cäsar, Turin, Museo d'Antichita, 40 v. Chr., Universität zu Köln, Archäologisches Institut. (Antikensammlung Erlangen Internet Archive)

Abb. 2.5 Abbild des Gaius Julius Cäsar auf einer Münze, 44 v. Chr. (Foto: Classical Numismatic Group/Wikimedia Commons)

Beispiel ist die „Venus von Milo" (Abb. 2.3; ausgestellt im Louvre, Paris [11]), in der sich die ausgereifte Kunstfertigkeit antiker Künstler manifestiert. Häufig wurden detailreiche und lebendige Skulpturen geschaffen, die selbst in Einzelheiten sehr präzise waren. Die in Tusculum Anfang des 19. Jahrhunderts ausgegrabene Büste [12] zeigt den römischen Kaiser Gaius Julius Cäsar (Abb. 2.4) und stellt neben den Abbildungen auf den römischen Münzen (Abb. 2.5) eine der wenigen erhaltenen Abbildungen dar, die noch zu seinen Lebzeiten angefertigt wurden.

2.3 Grafische Realisierung

2.3.1 Perspektivische Parietalkunst

Eine räumliche Abbildung muss sich nicht auf figürliche Darstellung begrenzen. Auch mit den Mitteln der Malerei lassen sich auf ebenen Flächen plastisch wirkende Bilder erzeugen. Diese Interpretationsform ist etwa in der gleichen Zeit entstanden wie die figurative Reproduktion.

Gleichzeitig mit dem Auftauchen größerer Höhlenbilder wurden Elemente der räumlichen Darstellung in der bildhaften Ausführung verwendet.

Bei den zwischen 30.000 und 40.000 Jahre alten Zeichnungen in der Höhle von Chauvet, wird man mit einer erstaunlichen Plastizität überrascht (Abb. 2.6). Die vorgeschichtlichen Gemälde weisen Schattierungen auf, die einzelnen Objekte sind im Raum gestaffelt und überdecken sich, wodurch sich der Raumeindruck noch verstärkt.

Hintergrundinformationen

Aufgrund der außergewöhnlichen darstellerischen Qualität gibt es immer wieder Zweifel an der Authentizität der Zeichnungen. So weist Appleton in seinem Artikel „Disney-Cartoons aus der Eiszeit" [13] unter anderem auf die Verwendung moderner stilistischer und perspektivischer Elemente im „Disney-Stil" hin.

Die Höhle gehört seit 2014 zum UNESCO-Weltkulturerbe [14]. Um die Malereien (Abb. 2.6) zu erhalten, wurde die Höhle geschlossen und das „Grand Projet La Caverne du Pont-d'Arc" ins Leben gerufen, in dem die gesamte Höhle mit allen Wandbildern nachgebildet werden sollte [15]. Im April 2015 wurde die Replik der Höhle im Beisein des französischen Präsidenten Hollande für

Abb. 2.6 Detailfotografie der Pferdszene aus der Caverne du Pont-d'Arc. (T. Thomas, The Adventurous Eye/Wikimedia Commons)

den Publikumsverkehr offiziell geöffnet [16]. Dennoch kann man auch heute noch die Originalhöhle in 3D erleben: in Werner Herzogs Dokumentarfilm „Die Höhle der vergessenen Träume" (2010).

2.3.2 Vitruvianische Perspektive

Schon in der Antike bediente man sich der perspektivischen Darstellung. So findet sich noch heute vor der Casa del Fauno in Pompeji ein beeindruckendes 3D-Mosaik (Abb. 2.7). Im konkreten Fall handelt es sich um ein Opus sectile, ein aus größeren Platten geschnittenes Werk. Diese heute auch als Trompe-l'Œil (Vortäuschung realer Gegenständlichkeit

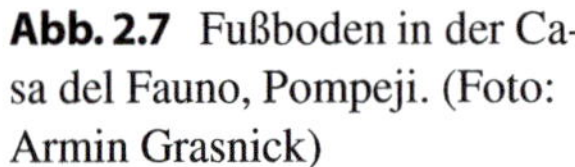

Abb. 2.7 Fußboden in der Casa del Fauno, Pompeji. (Foto: Armin Grasnick)

mit malerischen Mitteln) bekannte Technik liefert die Illusion der Räumlichkeit durch Perspektive, Überdeckung oder den geschickten Einsatz vermeintlicher Licht- und Schatteneffekte.

Die wahrgenommene Gegenständlichkeit ergibt sich in diesem Muster rein aus der kubischen Wirkung der einzelnen hexagonalen (sechseckigen) Rhomboidmuster. Jedes einzelne Muster ist wiederum das Resultat dreier Rauten, die aus verschiedenartigen Materialien (hellgrau, weiß und dunkelgrau) zusammengesetzt sind (Abb. 2.8). Der sich ergebende Seheindruck entspricht dem eines von schräg oben betrachteten Würfels in längentreuer (isometrischer) Darstellung.

Die Winkel zwischen den Achsen (x, y, z) betragen jeweils 120°. Dadurch ergibt sich ein Seitenverhältnis der Rhomben von $y = x \cdot \tan(60°)$, wobei $\tan(60°)$ auch gleich der Wurzel aus 3 ist. Dieses Verhältnis ist als Konstante von Theodorus bekannt und lässt sich überdies auch ohne Kenntnis von Wurzel und Tangens aus der Distanz zwischen 2 gegenüberliegenden Seiten eines regulären Sechsecks mit gleicher Seitenlänge ermitteln. Das entspricht nach heutiger Bezeichnung einer senkrechten Parallelprojektion (Orthogonalprojektion). Auf Basis dieser Grundlagen lässt sich recht einfach ein ähnliches Muster erzeugen.

Die Abb. 2.9 zeigt einen bearbeiteten Ausschnitt des Fußbodens und Abb. 2.10 im Vergleich eine eigene, auf der Konstante von Theodorus beruhende Interpretation.

Abb. 2.8 Zeichnung einer einzelnen Raute

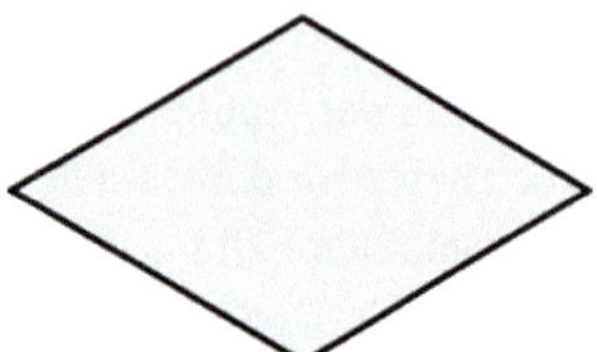

Abb. 2.9 Ausschnitt des Bodens in der Casa del Fauno, Pompeji

Obgleich dieses Muster noch ein Projektionszentrum vermissen lässt, zeigen verschiedene Wandgemälde vom gleichen Ort und aus der gleichen Zeit eine deutliche Perspektive.

Ein Wandbild aus dem Haus des Apoll wurde besonders eingehend von Martin Blazeby und seinem Team am Kings College in London analysiert [17, 18]. Die Fotografie des Bildes (Abb. 2.11) zeigt den bemerkenswert guten Erhaltungszustand sowie die Qualität der Ausführung.

Im Jahr 1841 hat Mastracchio [19], der als Zeichner bei den Ausgrabungen von Pompeji zugegen war, das Wandbild grafisch rekonstruiert. Am Kings College wurde 2005 das Bild analysiert, und die verschiedenen Fluchtpunkte wurden eingezeichnet. Das Bild weist eindeutig Merkmale der Zentralperspektive auf, in den Außenbereichen dagegen findet sich eine Parallelperspektive. Alle Perspektivlinien gehen von der zentralen Achse aus.

Wenn die Lage des Fluchtpunktes bekannt ist, lassen sich durch fotogrammetrische Analyse auch die Tiefenwerte bestimmen und somit die dritte Dimension herleiten.

Blazeby [20] hat diese Analyse durchgeführt und aus der Perspektive die implizite 3D-Architektur ermittelt. Das Ergebnis wurde als 3D-Modell dargestellt.

Abb. 2.10 Moderne Interpretation nach Theodorus

Abb. 2.11 Fotografie der Westwand. (Mentnafunangann 2014/Wikimedia Commons, bearbeitet)

Die Grundidee dieser als Scaenographia bezeichneten perspektivischen Darstellungsform wurde uns aus den Werken des römischen Architekten und Ingenieurs Vitruv (auch Vitruvius oder Marcus Vitruvius Pollio) überliefert, der zu Lebzeiten der römischen Kaiser Cäsar und Augustus wirkte und ein Sachbuch über Architektur verfasste.

Er verwendet dabei die Grundbegriffe Ichnographia, Orthographia und Scaenographia, die er in den Zusammenhang von Grundriss (orthogonale Parallelprojektion auf eine horizontale Fläche), Aufriss (orthogonale Parallelprojektion auf eine vertikale Fläche) und Perspektive stellt.

Vitruv erklärt dies einigermaßen knapp (Zitat nach der Ausgabe von Fensterbusch, Liber primus, Kapitel II [21]):

> Dispositio ist die passende Zusammenstellung der Dinge und die durch die Zusammenstellung schöne Ausführung des Baues mit Qualitas. Die Formen der Dispositio, die die Griechen Ideen nennen, sind folgende: Ichnographia, Orthographia, Scaenographia. Ichnographia ist der unter Verwendung von Lineal und Zirkel in verkleinertem Maßstab ausgeführte Grundriß, aus dem (später) die Umrisse der Gebäudeteile auf dem Baugelände genommen werden. Orthographia aber ist das aufrechte Bild der Vorderansicht und eine den Maßstäben des zukünftigen Bauwerks entsprechend gezeichnete Darstellung in verkleinertem Maßstab. Scaenographia ferner ist die perspektivische Wiedergabe der Fassade und der zurücktretenden Seiten und die Entsprechung sämtlicher Linien auf einen Kreismittelpunkt.

Dennoch sind damit zweifelfrei die Grundzüge von Grundriss, Aufriss und Zentralperspektive beschrieben.

Vitruv verweist aber auch auf Agatharchos, der im 5. Jahrhundert v. Chr. zuvor in Athen als Bühnenmaler perspektivischer Bilder für Aischylos' Dramen tätig war (was auch Pauly bestätigt [22]) und dessen diesbezügliche Schrift dem Vitruv offensichtlich bekannt gewesen ist. Die Schrift selbst ist leider nicht erhalten, die Kenntnis darüber stammt lediglich von Vitruv.

Die mehr als zweieinhalb Jahrtausende alten Erkenntnisse des Agatharchos haben dennoch bis heute nichts an Aktualität eingebüßt. Der Vergleich einer alten Skenographie aus dem Haus des Apoll mit deren aktueller 3-dimensionaler, computergenerierter Interpretation vom Kings College illustriert den überragenden Realismus der Vorlage.

Unter dem Abt Ruodhelm (auch Ruadhelm, ab 838), dem Vorgänger des bekannteren Walahfried Strabo, Autor des „Hortulus" („De cultura hortorum" – „Über den Gartenbau"), erstellte Reginbert, der Bibliothekar des Klosters auf der Insel Reichenau im Bodensee, eine Abschrift des 10-bändigen Werkes des Vitruv „De architectura libri decem" [23]. Da er dieses Werk auch in einem von ihm verfassten Bücherkatalog eintrug, haben wir heute noch Kenntnis davon. Hinweise darauf finden sich unter anderem in Neugarts „Episcopatus Constantiensis Alemannicus" [24], in Beckers „Catalogi bibliothecarum antiqui" [25] oder in den kommentierten Ausführungen Lehmanns [26].

Ob die Kenntnis der vitruvianischen Schriften auch in die Wandmalerei in der Kirche St. Georg (Abb. 2.12) ab dem 9. Jahrhundert Einzug hielt, kann nur gemutmaßt werden.

Die perspektivische Wandgestaltung der pompejischen Villen kann den Mönchen nicht bekannt gewesen sein, da die Stadt im Jahr 79 n. Christus durch den Ausbruch des Vesuv verschüttet und erst im späten 18. Jahrhundert wieder ausgegraben wurde.

Diese Art der pompejischen Wandmalerei ist aber auch in Rom und den römischen Provinzen belegt (auch in Germanien und Britannien), sodass zumindest die weit gereisten Mitglieder des Klosters mit einer gewissen Wahrscheinlichkeit in Kontakt mit derartigen Werken gekommen sein könnten. Dafür sprechen sowohl das Vorhandensein perspektivischer Elemente in den Wandbildern der Kirche als auch die malerische Wiederkehr der räumlichen Elemente aus der römischen Epoche (am oberen und unteren Rand des Gemäldes). Insgesamt kann zumindest eine Kenntnis römischer Werke vermutet werden.

Hintergrundinformationen

Der spätere Klostergründer Pirmin (auch Pirminius) reiste bis zur Errichtung des Benediktinerklosters auf der Insel Reichenau 724 als Missionar durch das damals sehr ausgedehnte Frankenreich. Pirmin hat später noch weitere Klöster (Gengenbach, Murbach, Weißenburg, Maursmünster und Neuweiler) gegründet und wird heute als Heiliger verehrt.

Zu verdanken sind den Mönchen in jedem Fall aber der Erhalt und die handschriftliche Verbreitung der Schriften des Vitruv – und letztlich deren Weitergabe bis zu da Vinci.

Eines der bekanntesten Werke da Vincis ist sicherlich der vitruvianische Mensch, eine Zeichnung, die eine Illustration einer Beschreibung Vitruvs darstellt.

Leonardo da Vinci kannte vermutlich eine Handschrift des Francesco di Giorgio Martini, dem für seine eigenen Abhandlungen an der Übersetzung des Vitruv-Textes ins Italienische gelegen war. Der Text der da Vinci-Zeichnung ist eine ganz offensichtliche italienische Paraphrase des lateinischen Originaltextes [27]. Eine weitere, illustrierte Übersetzung stammt möglicherweise von Giacomo Andrea da Ferrara, den da Vinci

Abb. 2.12 Wandbild mit perspektivischen Elementen in St. Georg, Insel Reichenau. (Wolfgang Erdmann/Wikimedia Common)

ebenfalls kannte. Auch dieser hat einen Entwurf beigesteuert, der sich eng an Vitruvs Beschreibung anlehnt.

Im Vergleich nun die 3 Bilder: In Abb. 2.13 findet sich das Bild von di Giorgio, das keine eindeutige Umsetzung von Vitruvs Anweisung ist, da dort der Nabel nicht im Mittelpunkt des Kreises liegt [28]. Dies hat da Ferrara (Abb. 2.14) besser interpretiert [29]. Der Kreismittelpunkt fällt nunmehr mit dem Nabel zusammen und liefert bereits eine Idee des späteren vitruvianischen Menschen von da Vinci (Abb. 2.15).

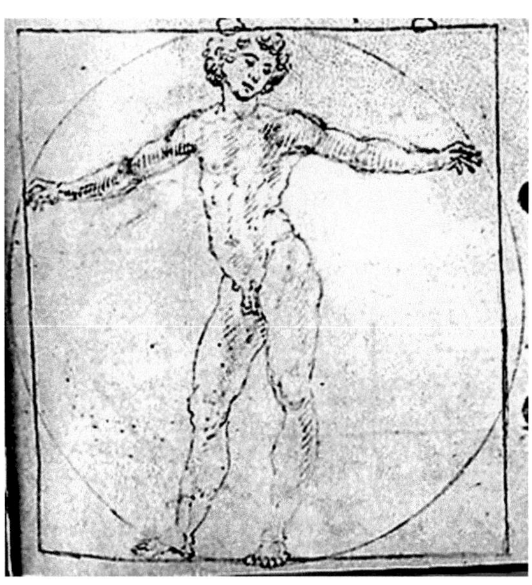

Abb. 2.13 Homo vitruvianus. (Francesco di Giorgio Martini/Wikimedia Commons)

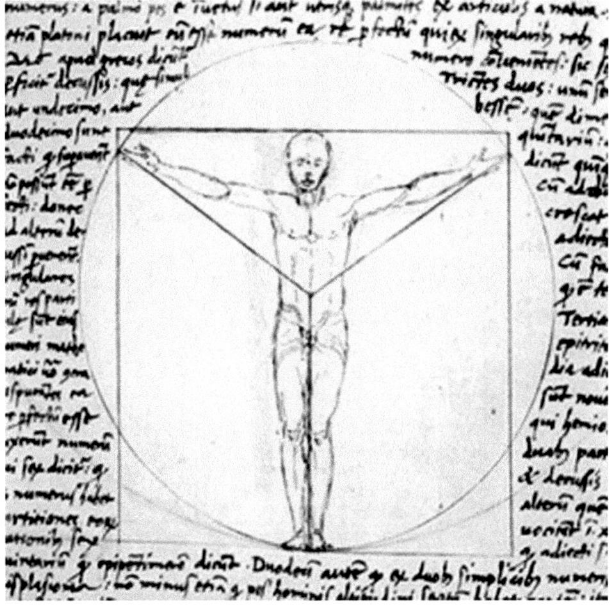

Abb. 2.14 Homo vitruvianus. (Giacomo Andrea da Ferrara/Wikimedia Commons)

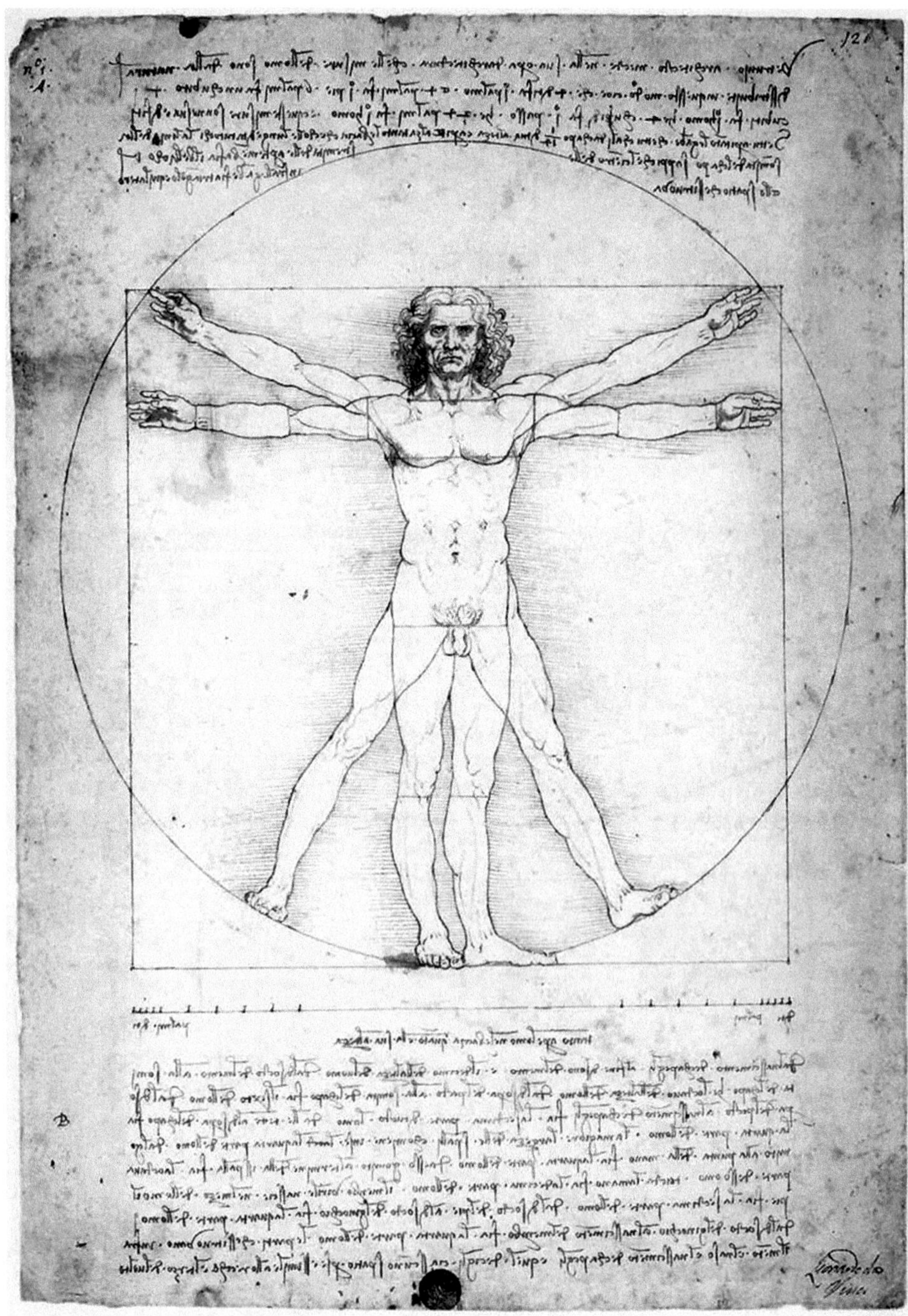

Abb. 2.15 Homo vitruvianus. (Leonardo da Vinci/Wikimedia Commons)

Hintergrundinformationen
Fensterbusch [21] übersetzt die Beschreibung des vitruvianischen Menschen so:

> Den Körper des Menschen hat nämlich die Natur so geformt, daß das Gesicht vom Kinn bis zum oberen Ende der Stirn und dem untersten Rande des Haarschopfes 1 : 10 beträgt, die Handfläche von der Handwurzel bis zur Spitze des Mittelfingers ebensoviel, der Kopf vom Kinn bis zum höchsten Punkt des Scheitels 1 : 8, von dem oberen Ende der Brust mit dem untersten Ende des Nackens bis zu dem untersten Haaransatz 1 : 6, von der Mitte der Brust bis zum höchsten Scheitelpunkt 1 : 4. Vom unteren Teil des Kinns aber bis zu den Nasenlöchern ist der dritte Teil der Länge des Gesichts selbst, ebensoviel die Nase von den Nasenlöchern bis zur Mitte der Linie der Augenbrauen. Von dieser Linie bis zum Haaransatz wird die Stirn gebildet, ebenfalls 1 : 3. Der Fuß aber ist 1 : 6 der Körperhöhe, der Vorderarm 1 : 4, die Brust ebenfalls 1 : 4. ...
>
> Ferner ist natürlicherweise der Mittelpunkt des Körpers der Nabel. Liegt nämlich ein Mensch mit gespreizten Armen und Beinen auf dem Rücken, und setzt man die Zirkelspitze an der Stelle des Nabels ein und schlägt einen Kreis, dann werden von dem Kreis die Fingerspitzen beider Hände und die Zehenspitzen berührt. Ebenso wie sich am Körper ein Kreis ergibt, wird sich auch die Figur des Quadrats an ihm finden.

Dass die Zeichnung von da Vinci, die nach heutigem Maßstab die bekannteste ist, liegt nicht nur an dem Bekanntheitsgrad des Künstlers, sondern v. a. an der zeichnerischen Qualität.

Diese hat der Meister auch an anderen Kunstwerken beeindruckend unter Beweis gestellt, gewiss allen anderen voran mit dem Bildnis der Mona Lisa.

Tatsächlich existiert neben der bekannten Version aus dem Pariser Louvre ([30]; Abb. 2.16, rechts) ein zweites Bild im Prado von Madrid (Abb. 2.16, links), das allerdings einem Schüler Leonardos (vermutlich Francesco Melzi) zugeordnet wird [31]. Carbon und Hesslinger [32] haben die beiden Bilder untersucht und daraus die Möglichkeit einer bewussten stereoskopischen Darstellung hergeleitet.

Das kann natürlich nicht völlig ausgeschlossen werden, wahrscheinlicher ist aber eine zeitgleiche Erstellung durch Meister und Schüler aus – naturgemäß – unterschiedlichen Positionen.

Folgt man den Schlüssen von Carbon und Hesslinger müsste allerdings der Meister hinter seinem Schüler gestanden haben.

In jedem Fall lässt sich aber – zumindest teilweise – ein stereoskopisches Teilbild erstellen, was für die Meisterschaft beim Porträtieren spricht. Gegen eine bewusste 3D-Aufnahme spricht nicht nur die offensichtliche Unwahrscheinlichkeit (bislang liegen zu diesem Zeitraum keinerlei Erkenntnisse hinsichtlich Erstellung und Wiedergabe stereoskopischer Bilder vor), sondern auch der örtlich begrenzte, unvollständige und teilweise ungenügende 3D-Eindruck des stereoskopischen Bildes.

Angesichts der außerordentlichen Qualität der Werke da Vincis darf ein derartiges Unvermögen durchaus angezweifelt werden.

Abb. 2.16 Die doppelte Mona Lisa: Prado-Version (*links*), da Vincis Original (*rechts*)

Literatur

1. Ni, X., et al.: The oldest known primate skeleton and early haplorhine evolution. Nature **498**, 60–64 (2013). doi:10.1038/nature12200
2. Gray, R.: Archicebus achilles could be humanity's earliest primate cousin, The Telegraph (2013). http://www.telegraph.co.uk/news/science/science-news/10102084/Archicebus-achilles-could-be-humanitys-earliest-primate-cousin.html (Erstellt: 5. Juni 2013), Zugegriffen: 26. Aug. 2015
3. Conard, N.J.: A female figurine from the basal Aurignacian of Hohle Fels Cave in southwestern Germany. Nature **459**, 248–252 (2009). doi:10.1038/nature07995
4. Urgeschichtliches Museum Blaubeuren, „Steinzeithöhlen > Hohle Fels (Aachtal)". https://www.urmu.de/de/Museum+Steinzeith%C3%B6hlen/Steinzeith%C3%B6hlen/Hohle-Fels-(Achtal). Zugegriffen: 26.08.2015
5. Mellars, P.: Archaeology: Origins of the female image. Nature **459**, 176–177 (2009). doi:10.1038/459176a
6. Nature.com. http://www.nature.com/nature/videoarchive/prehistoricpinup/. Zugegriffen: 26.08.2015
7. Spiegel Online Wissenschaft: Venus-Fund auf Schwäbischer Alb: Steinzeit-Sexsymbol betört Forscher (2009). http://www.spiegel.de/wissenschaft/mensch/venus-fund-auf-schwaebischer-alb-steinzeit-sexsymbol-betoert-forscher-a-624618.html (Erstellt: 13. Mai 2009), Zugegriffen: 6. Sept. 2015

8. Knauß, F.: Das älteste Pin-up stammt aus Schwaben (2009+). http://www.handelsblatt.com/technik/forschung-innovation/steinzeitfund-das-aelteste-pin-up-stammt-aus-schwaben/3176656.html (Erstellt: 14. Mai 2009), Zugegriffen: 6. Sept. 2015
9. McDonnell, A.: Ancient ivory figurine deserves a more thoughtful label. Nature **459**, 909 (2009). doi:10.1038/459909b
10. Venus- und Museumsverein Willendorf, „Venus von Willendorf". http://www.willendorf.info. Zugegriffen: 26.09.2015
11. Astier, M.-B., Aphrodite, known as the 'Venus de Milo'; Musée du Louvre, Paris, Louvre.fr. http://www.louvre.fr/en/oeuvre-notices/aphrodite-known-venus-de-milo. Zugegriffen: 26.09.15
12. „Ritratto di C. Giulio Cesare in marmo lunense", Tusculum (Roma), 45–44 a.C., Museo di Antichità, Turin. http://museoarcheologico.piemonte.beniculturali.it/images/gallery/gallery-home/cesare-marmo.jpg. Zugegriffen: 26.09.2015
13. Appleton, T.: Disney-Cartoons aus der Eiszeit (2005). http://www.heise.de/tp/artikel/21/21161/1.html. (Erstellt: 30. Okt. 2005) Zugegriffen: 18. Juli 15
14. UNESCO World Heritage Centre: Decorated Cave of Pont d'Arc, known as Grotte Chauvet-Pont d'Arc, Ardèche (2014). http://whc.unesco.org/en/list/1426, Zugegriffen: 27. Sept. 15
15. Syndicat mixte „Grand Projet La Caverne du Pont-d'Arc". http://lacavernedupontdarc.org/en/. Zugegriffen: 27.09.15
16. Wojazet, P.: French President Francois Hollande looks at replicas of cave paintings (2015). http://www.gettyimages.de/detail/nachrichtenfoto/french-president-francois-hollande-looks-at-replicas-nachrichtenfoto/469151930, Zugegriffen: 27. Sept. 15
17. Blazeby, M.: The Skenographia Project: investigating Roman wall paintings through digital visualisation. http://www.skenographia.cch.kcl.ac.uk/. Zugegriffen: 04.10.2015
18. Beacham, R., Denard, H., Blazeby, M.: Roman theatre and frescos: intermedial research through applied digital visualisation technologies. In: Virtual Reality at Work in the 21st Century: Impact on Society. Archaeolingua 11th International Conference on Virtual Systems and Multimedia, Ghent, Belgium. S. 223–233. (2005). http://www.skenographia.cch.kcl.ac.uk/apollo/analysis.html (04.10.2015)
19. Garcia y Garcia, L.: Nova bibliotheca pompeiana, „elenco degli autori in ordine alfabetico", S. 111. http://www.arborsapientiae.com/allegati_articoli/nbp_lettera_m_8259_9752_.pdf. Zugegriffen: 04.10.2015
20. Blazeby, M.: The House of Apollo. King's Visualisation Lab, Kings College London. http://www.skenographia.cch.kcl.ac.uk/apollo/3dvis/3d04.html. Zugegriffen: 04.10.2015
21. Vitruv: „Vitruvii de architectura libri decem – Zehn Bücher über Architektur", um 25 v. Chr Deutsche Ausgabe, Übersetzung Fensterbusch, C. WBG, Darmstadt (1964). http://www.wbg-wissenverbindet.de/shop/de/wbg/zehn-b%C3%BCcher-%C3%BCber-architektur-1006072-001 (23.01.2016)
22. Paulys Realencyclopädie der classischen Altertumswissenschaft, Band I,1 (1893), Sp. 741–742. https://de.wikisource.org/wiki/RE:Agatharchos_14. Zugegriffen: 04.10.2015
23. Vitruv: „Zehn Bücher über Architektur, De Architectura Libri Decem", um 25 v. Chr., Deutsche Ausgabe, Übersetzung Reber, F. Marix Verlag, Wiesbaden (2015). http://www.verlagshaus-roemerweg.de/Architektur/Vitruv-Zehn_Buecher_ueber_Architektur-EAN:9783865392121.html (23.01.2016)
24. Neugart, T.: Episcopatus Constantiensis alemannicus. Typis S. Blasii, St. Blasien (1803). http://reader.digitale-sammlungen.de/de/fs1/object/display/bsb10004575_00005.html (26.08.2015)
25. Becker, G.H.: Catalogi bibliothecarum antiqui (1885). https://archive.org/details/catalogibibliot00beckgoog, Zugegriffen: 26. Aug. 2015

26. Lehmann: Mittelalterliche Bibliothekskataloge Deutschlands und der Schweiz. Beck'sche Verlagsbuchhandlung, München, S. 255 (1918). http://babel.hathitrust.org/cgi/pt?id=mdp.39015011813147;view=1up;seq=11 (26.08.2015)
27. Kruft, Hanno-Walter: Geschichte der Architekturtheorie: von der Antike bis zur Gegenwart, S.72
28. Di Giorgio, F.: Trattato di architettura civile e militare (1439–1502). https://archive.org/details/gri_33125011099633. Zugegriffen: 04.10.2015
29. Lester, T.: The other Vitruvian man: was Leonardo da Vinci's famous anatomical chart actually a collaborative effort? Instructional Resources, Bd. 48. (2012). Paper http://www.smithsonianmag.com/arts-culture/the-other-vitruvian-man-18833104/?no-ist (04.10.2015)
30. The Mona Lisa: Präsentation, Louvre, Paris. http://musee.louvre.fr/oal/joconde/indexEN.html. Zugegriffen: 04.10.2015
31. dpa: Zweite ‚Mona Lisa' in Spanien entdeckt (2012). http://www.zeit.de/kultur/kunst/2012-02/mona-lisa-madrid (Erstellt: 1. Febr. 2012), Zugegriffen: 4. Okt. 2015
32. Carbon, C.C., Hesslinger, V.M.: Da Vinci's Mona Lisa entering the next dimension. Perception **42**(8), 887–893 (2013). http://www.epaeg.de/ (04.10.2015)

3 Raumwahrnehmung

Die räumliche Wahrnehmung erfolgt durch das visuelle System des Menschen, das aus dem optischen und motorischen System der Augen sowie der Datenverarbeitung im Gehirn resultiert.

Abbildungen der Umgebung werden auf die Netzhaut der Augen projiziert, wobei dabei jede einzelne Abbildung ein flaches, 2-dimensionales Bild darstellt. Das Gehirn extrahiert aus diesem Bildpaar Hinweisreize zum 3D-Aufbau und verknüpft die so gewonnenen Informationen mit den aus der Bewegung erhaltenen sensorischen Reizen. Durch Abgleich dieses Datensatzes mit den Erfahrungswerten des Betrachters entsteht letztlich erst im Gehirn die 3D-Illusion.

In der Autostereoskopie wird versucht, eine perfekte Raumillusion zu schaffen, die sich nicht von der Wahrnehmung der realen Szene unterscheidet. Dazu müssen alle Hinweisreize, die zu einem Raumeindruck führen können und durch das visuelle System auswertbar sind, dem Reiz entsprechen, der durch die reale Szene ausgelöst würde.

3.1 Visuelles System

3.1.1 Optischer Apparat

Die Abbildungsqualität des menschlichen Auges als optischer Apparat ist limitiert. Mit deutlichen Worten hat der bekannte Physiker Helmholtz in seinen wissenschaftlichen Vorträgen, in denen er detailliert auf diverse Abbildungsfehler des Auges eingeht, auf die Fehlerhaftigkeit dieses Instrumentes hingewiesen [1].

> Nun ist es nicht zuviel gesagt, dass ich einem Optiker gegenüber, der mir ein Instrument verkaufen wollte, welches die letztgenannten Fehler hätte, mich vollkommen berechtigt glauben würde, die härtesten Ausdrücke über die Nachlässigkeit seiner Arbeit zu gebrauchen, und ihm sein Instrument mit Protest zurückzugeben.

A. Grasnick, *3D ohne 3D-Brille*, X.media.press, DOI 10.1007/978-3-642-30510-8_3

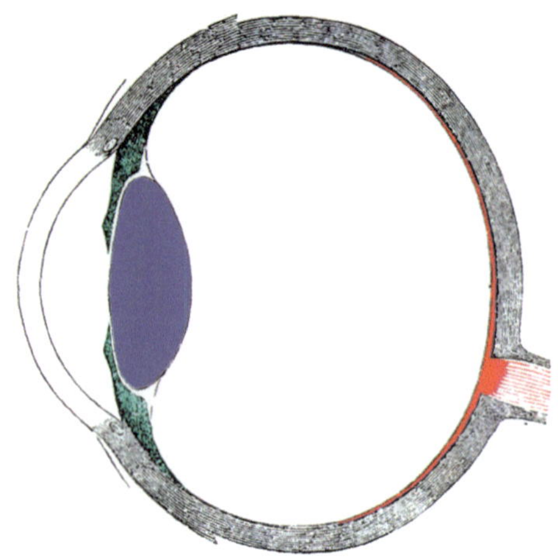

Abb. 3.1 Querschnitt durch das Auge [2]

Die durch optische Abbildung erzielbare Bildqualität des Auges ist stark fehlerbehaftet, allerdings entsteht der Bildeindruck eben nicht nur durch die reine Abbildung, sondern erst durch die Verarbeitung dieser Signale im Gehirn. Tatsächlich kann die zerebrale Datenverarbeitung nicht nur die existierenden Bildfehler korrigieren, sondern unzulängliche Informationen durch Überlagerung mit Erfahrungswerten ergänzen und interpretieren.

Helmholtz hatte die optischen Eigenschaften des Auges zuvor intensiv untersucht und im „Handbuch der physiologischen Optik" dokumentiert [2]. Diesem Buch entstammt auch das in Abb. 3.1 dargestellte Bild, das einen Querschnitt durch das menschliche Auge zeigt.

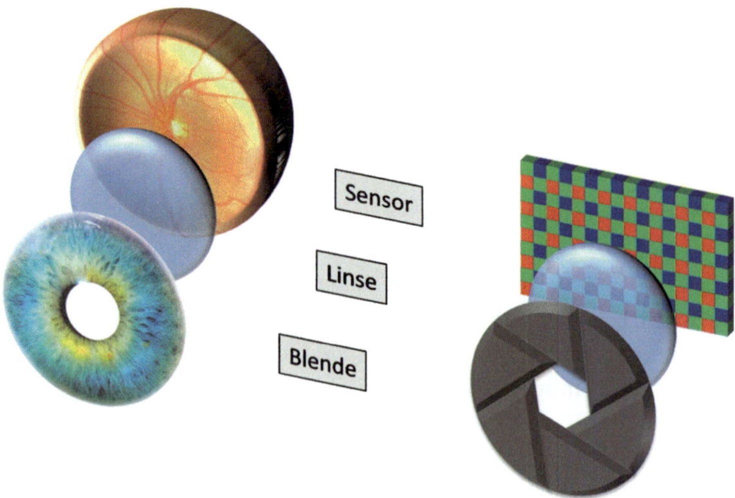

Abb. 3.2 Vergleich Auge – Kamera

Für die Betrachtung des Auges im Zusammenhang mit der 3D-Darstellung, wird von einem idealisierten und vereinfachten Augenmodell ausgegangen (Abb. 3.2). Die als wesentlich zu betrachtenden Elemente sind eingefärbt: Iris (türkis), Linse (blau) und Retina (Netzhautbild).

Die optische Wirkung der Hornhaut, des Kammerwassers und des Glaskörpers ist unbestritten, diese Elemente werden aber zugunsten der schematischen Einfachheit weggelassen. In diesem Modell besteht das Auge nur aus der Regenbogenhaut (Iris), der Augenlinse und der Netzhaut (Retina).

Von äußerster Bedeutung ist die Retina des Auges, die als Bildsensor dient. Im Unterschied zu einem Kamerasensor ist die Auflösung aber nicht gleichmäßig auf der Netzhaut verteilt, sondern zum Rande hin abnehmend. In dem Aufsatz „Human photoreceptor topography“ beschreibt ein Team um Curcio die ortsabhängige Auflösung des Auges [3]. Die maximale Intensität der Zapfen („cones“) ist in der Netzhautgrube (Fovea centralis) am größten (zum Teil > 200.000 Zapfen pro mm^2) und kann im peripheren Bereich auf unter 10.000 Zapfen pro mm^2 abfallen. Da die Zapfendichte sehr unterschiedlich bei verschiedenen Individuen (und sogar zwischen den beiden Augen) ausfallen kann, werden in der Literatur durchaus auch andere Werte genannt. Dennoch sollte die Tendenz eindeutig sein: In der Netzhautgrube ist die Auflösung am höchsten und wird mit größerem Abstand von diesem Zentrum geringer. Die Abb. 3.3 soll diesen Sachverhalt illustrieren.

Um die fixierten Objekte aber jeweils mit maximaler Auflösung sehen zu können, werden verschiedene Augenbewegungen ausgeführt, die letztlich dem Ziel dienen, das Auge

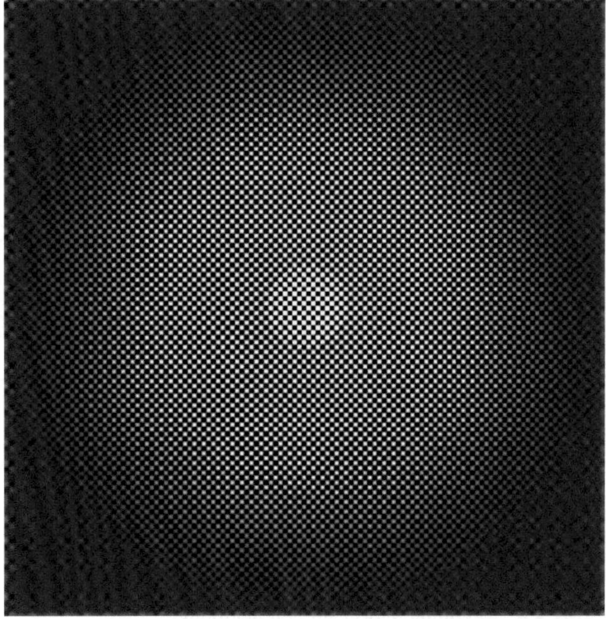

Abb. 3.3 Ortsabhängige Auflösung des Auges (Illustration)

so auszurichten, dass die Fixaktionsobjekte auf der optischen Achse liegen und mit hoher oder höchster Auflösung abgebildet werden können.

3.1.2 Okulomotorik

Die Gesamtheit der Bewegungen (Motorik) des Auges wird über die Nervenfasern der beteiligten Muskeln an das Gehirn geleitet und dort weiterverarbeitet. Dabei können sowohl unwillkürliche Bewegungen als auch bewusste Bewegungen ausgewertet werden.

3.1.2.1 Akkommodation

Mit Akkommodation wird die Scharfstellung (Fokussierung) des Auges auf einen Fixationspunkt bezeichnet. Die Akkommodation kann nur in einem bestimmten Bereich ausgeführt werden, der durch den Nahpunkt (Nahakkommodation, Abb. 3.4) und den Fernpunkt (Fernakkommodation, Abb. 3.5) eingegrenzt wird. Beide Grenzwerte sind spezifisch für das jeweilige Individuum und stark altersabhängig. Die Anpassung an verschiedene Entfernungen erfolgt durch Änderung der Brechkraft, die durch eine Deformation der Augenlinse durch den Ziliarmuskel hervorgerufen wird. Die Augenlinse verliert mit zunehmendem Alter ihre Elastizität und kann nur noch in geringerem Maße deformiert werden. Dadurch sinkt die Fähigkeit zur Brechkraftänderung, was eine geringere Akkommodationsbreite zur Folge hat. Die daraus resultierende Alterssichtigkeit (Presbyopie) zeigt sich in der zunehmenden Entfernung des Auges vom Betrachter. Im Kindesalter beträgt der Nahpunkt nur wenige Zentimeter, entfernt sich aber im hohen Alter auf mehrere Meter (Alterssichtigkeit).

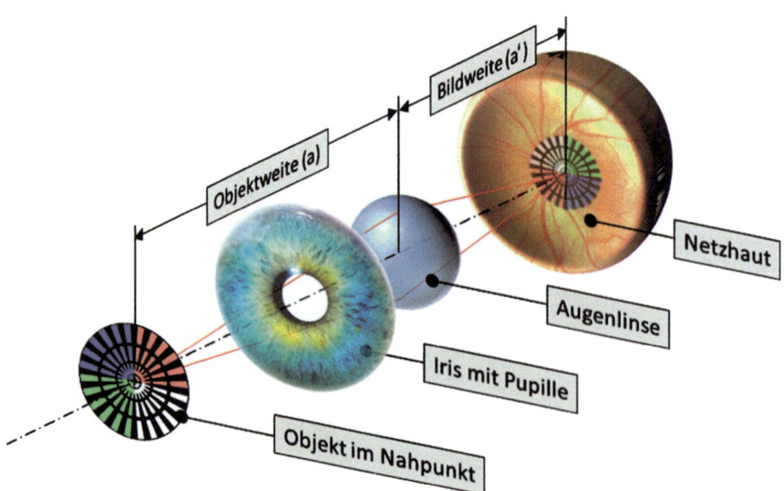

Abb. 3.4 Akkommodation auf den Nahpunkt

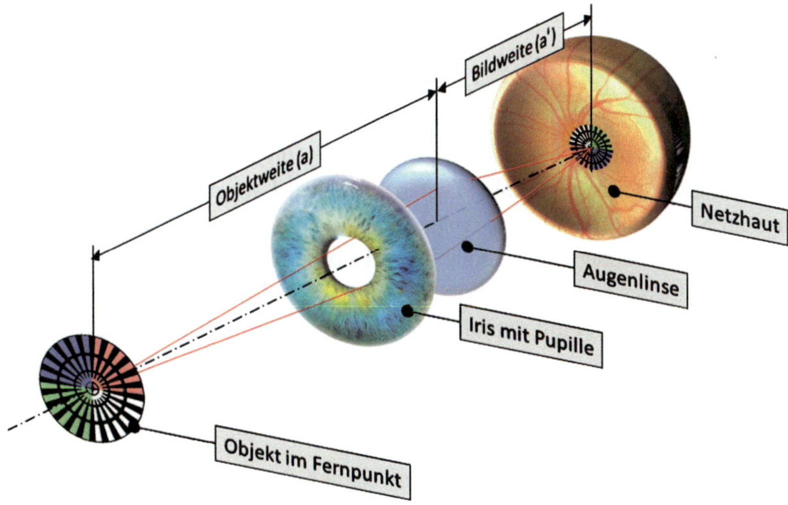

Abb. 3.5 Akkommodation auf den Fernpunkt

Die Akkommodation auf einen bestimmten Punkt verursacht als optischen Nebeneffekt eine Unschärfe außerhalb der Fixationsebene. Je weiter ein Objekt vom fixierten Punkt entfernt ist, umso größer ist die Unschärfe. Die Schärfentiefe beschreibt den Bereich, in dem die Abbildung noch als ausreichend „scharf" wahrgenommen wird. Zur Definition der Schärfentiefe muss eine maximal erlaubte Unschärfe definiert werden, was durch die Angabe des Durchmessers eines Zerstreuungskreises d_Z erfolgt.

Hintergrundinformationen

Der Zerstreuungskreisdurchmesser ist der Wert der tolerierbaren Unschärfe und wird üblicherweise mit 1/1500 der Sensordiagonalen des Aufnahmeobjektives definiert. Die 1/1500-Faustregel entstammt der Kleinbildfotografie. Vergrößert man ein Kleinbildnegativ (24 × 36 mm) um den Faktor 5 auf ein übliches Fotopapier (13 × 18 cm) erhält man als maximale Bildabmessungen 120 × 180 mm (216,33 mm diagonal). In der deutlichen Sehweite (25 cm) und mit einem normierten Visus (Normsehstärke) von 1 betrachtet, ist nur noch etwa 1/3000 der Bilddiagonale auflösbar. Als ausreichende Schärfe hat sich der halbe Wert 1/1500 durchgesetzt.

Per Definition ist eine Sehschärfe (Visus) von 1,0 (100 %) mit einem Auflösungsvermögen des Auges von einer Winkelminute (1′) verknüpft. Unter diesem Winkel werden 2 Objekte noch als getrennt wahrgenommen.

In Abb. 3.6 wird eine Abbildung mit durchgehender Schärfentiefe dargestellt, in der noch alle Ebenen scharf abgebildet werden. Dies gelingt z. B. mit einfachen, sog. Fixfokus-Objektiven, bei denen alle Objekte ab einer bestimmten Mindestentfernung scharf dargestellt werden. Bei einer manuellen Einstellung der Kamera kann unabhängig von der Objektentfernung auf die hyperfokale Distanz fokussiert werden. Alle Objekte, die sich in einer Entfernung zur Kamera von der halben hyperfokalen Entfernung a_h bis zum Unendlichen befinden, werden in akzeptabler Schärfe abgebildet. Die Akzeptanzbedingung ist der Durchmesser des Zerstreuungskreises d_Z.

$$a_h = \frac{f^2}{k * d_Z} + f \tag{3.1}$$

Dabei ist f die Brennweite und k die am Objektiv eingestellte Blendenzahl.

Die Berechnung der hyperfokalen Distanz wird seit Langem in der Fotografie zur Berechnung der Schärfentiefe genutzt. Spätestens seit Beginn des 20. Jahrhunderts wird der Begriff auch in Lehrbüchern verwendet. Louis Derr benutzt in seinem Buch „Photography for students of physics and chemistry“ die Bezeichnung „hyperfocal distance“ so beiläufig, dass kaum ein Zweifel am damals schon bestehenden Bekanntheitsgrad aufkommen kann [4]:

> The distance p, beyond which all is in focus is sometimes called the *hyperfocal distance*.

Die Schärfentiefe in Bildern gibt einen Hinweis auf die fokussierte Bildebene und kann somit auch als Hilfsmittel zur Abstandsmessung verschiedener Tiefenebenen durch Nachführung der Kamera (z. B. in der Mikroskopie) oder in der Fotografie als gestalterisches Stilmittel (z. B. zur Betonung wichtiger Bildelemente) genutzt werden.

Die Darstellung des Il Fauno del Mare in Abb. 3.6 zeigt eine durchgängige Schärfe über alle Ebenen. Zum besseren Verständnis wurden den Ebenen Nummern und Bezeichnungen zugeordnet, die in den nachfolgenden Bildern eine einfache Erläuterung ermöglichen:

- Ebene 1 (E1) → Vordergrund (VG) → Objekt Statue,
- Ebene 2 (E2) → Mittelgrund (MG) → Objekt Felsen,
- Ebene 3 (E3) → Hintergrund (HG) → Objekt Meer.

Bei dem Bild handelt es sich um eine künstlerische Zusammensetzung verschiedener Bilder zum Zwecke der Illustration (die Statue des Faun steht tatsächlich vor der Casa del Fauno in Pompeji).

In Abb. 3.7 ist eine Fokussierung mit geringer Schärfentiefe auf die vordersten Ebenen zu sehen.

Deutlich ist hier die Unschärfe der entfernten Ebenen, die mit zunehmender Entfernung von der Kamera ansteigt.

Liegt der Fokus auf den Felsen, sind in der Folge die näheren oder entfernteren Ebenen unschärfer (Abb. 3.8).

Letztlich kann auch der Fokus im Unendlichen liegen, was natürlich zur Defokussierung der vorderen Ebenen führt (Abb. 3.9).

In Gl. 3.1 ist die Abhängigkeit der hyperfokalen Distanz von der Brennweite, der Blendenzahl und dem Zerstreuungskreisdurchmesser erläutert. Bei der Betrachtung einer Szene mit dem Auge muss die Blendenzahl den Durchmesser der Augenpupille enthalten. Die Blendenzahl ist das Verhältnis aus Brennweite und Pupillendurchmesser:

$$k = \frac{f}{d_P}. \tag{3.2}$$

Abb. 3.6 Fixfokuseinstellung – Il Fauno del Mare (Erläuterungen s. Text)

Abb. 3.7 Fokus auf Ebene 1 (*E1*) – Il Fauno del Mare. *VG* Vordergrund

Setzt man dieses Verhältnis in Gl. 3.1 ein, ergibt sich ein einfacher Zusammenhang aus Brennweite, Pupillendurchmesser und Zerstreuungskreisdurchmesser.

$$a_{\mathrm{h}} = f\left(\frac{d_{\mathrm{P}}}{d_{\mathrm{Z}}} + 1\right) \tag{3.3}$$

Setzt man nun die akzeptable Unschärfe auf einen fixen Wert, dann hängt die hyperfokale Distanz nur von der Brennweite und dem Durchmesser der Eintrittspupille ab. Bei Fokussierung auf ein nahes Objekt wird die Akkommodation stärker, die Brennweite verkürzt sich. Allerdings erhöht sich durch die Naheinstellungstrias (Abschn. 3.1.2.4) auch der Pupillendurchmesser, was die hyperfokale Entfernung ebenfalls erhöht.

Abb. 3.8 Fokus auf Ebene 2 (*E2*) – Il Fauno del Mare. *MG* Mittelgrund

Abb. 3.9 Fokus auf Ebene 3 (*E3*) – Il Fauno del Mare. *HG* Hintergrund

3.1.2.2 Vergenz

Vergenzen sind beidäugige Augenbewegungen während Fixation von Objekten zur Vermeidung von Doppelbildern. Unwillkürliche oder unkontrollierbare Vergenzen führen zur Abweichung zwischen beabsichtigtem und faktischem Fixationspunkt. Die Folge ist die Wahrnehmung unerwünschter Doppelbilder (Diplopie) durch Schielen (Strabismus).

3.1.2.2.1 Konvergenz

Im überwiegenden Maße treten Vergenzen als Konvergenzen (Abb. 3.10) auf. Damit wird die gleichzeitige und gegensinnige Einwärtsdrehung der Augen bezeichnet, bei der sich die optischen Achsen der Augen schließlich im Fixationspunkt schneiden.

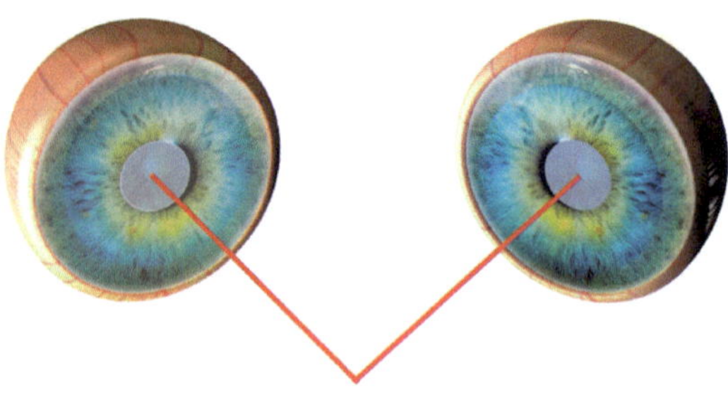

Abb. 3.10 Konvergenz

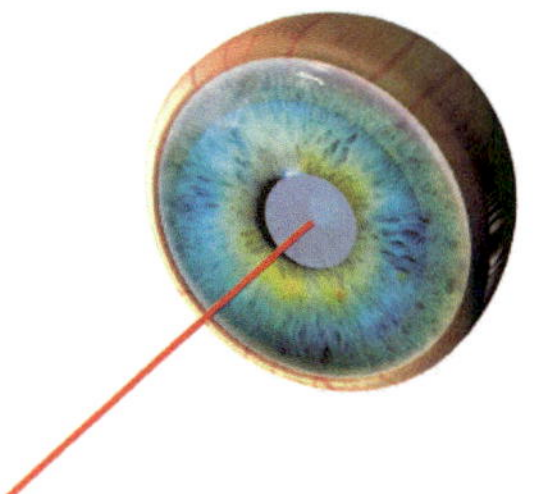
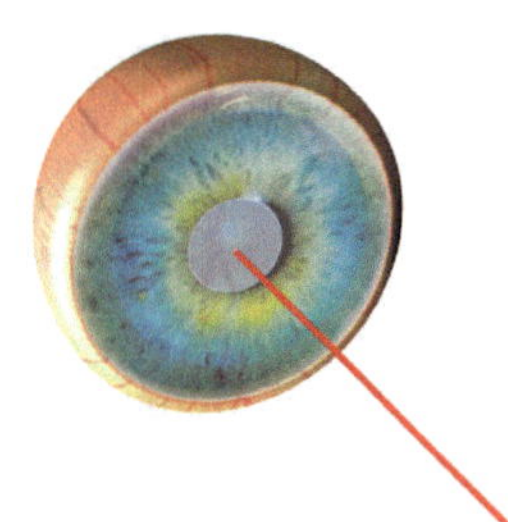

Abb. 3.11 Erzwungene Divergenz

3.1.2.2.2 Divergenz

Wenn die Augen bereits auf ein nahes Objekt konvergiert sind, müssen sie bei der Fixation eines entfernten Objektes divergieren. Der Maximalwert der natürlichen Divergenz ist die Parallelstellung der Augen bei sehr weit entfernten Objekten. Eine darüber hinausgehende divergente Augenstellung (Auswärtsdrehung der Augen) findet im natürlichen Sehen nicht statt.

Ist allerdings die Querdisparation in einem stereoskopischen Bildpaar (Deviation) größer als der Augenabstand, so wird ein divergenter Fusionsreiz ausgelöst, der zu unnatürlichem und anstrengendem Sehen führt (Abb. 3.11).

3.1.2.3 Pupillendurchmesser

Die Einstellung der Pupillengröße dient der Anpassung (Adaption) des Auges auf verschiedene Lichtverhältnisse. Die Vergrößerung (Mydriasis) oder Verkleinerung (Miosis) der Pupille erfolgt unwillkürlich. Kleinere Pupillendurchmesser führen automatisch zur Vergrößerung der Schärfentiefe, größere zu deren Verringerung (Abschn. 3.1.2.1).

Der Begriff Pupille bezeichnet nicht etwa ein Objekt oder ein anatomisches Detail, sondern lediglich die örtliche begrenzte Abwesenheit der Iris. Die Pupille ist also die Öffnung in der farbig pigmentierten Regenbogenhaut, durch die eine Abbildung auf die Netzhaut erfolgen kann.

Die früher in Deutschland übliche Bezeichnung „Sehloch“ illustriert diesen Zusammenhang noch recht anschaulich (siehe z. B. [5]). Mit Beginn des 19. Jahrhunderts tritt aber vermehrt der lateinische Begriff „Pupilla“ oder dessen deutsche Ableitung „Pupille“ auf (siehe z. B. [6]). Der lateinische Name geht vermutlich auf den römischen Philosophen Cicero zurück, der im zweiten Buch seines dreibändigen Werkes „De natura deorum“, den Begriff „Pupula“ in der Bedeutung Pupille nutzt [7, S. 449]:

> ... und das eigentliche Sehorgan, die sogenannte Pupille, ist so klein, dass sie Gegenstände, die ihr schaden könnten, leicht vermeiden kann ...

(Die deutsche Übersetzung ist der deutschen Ausgabe von Gerlach und Beyer entnommen [8].)

3.1.2.4 Naheinstellungstrias

Bei der Nahfixation von Objekten werden 3 okulomotorische Einstellungen miteinander gekoppelt: Während der Konvergenz (Abschn. 3.1.2.2.1) und Akkommodation (Abschn. 3.1.2.1) auf einen Punkt wird auch die Pupillengröße (Abschn. 3.1.2.3) reduziert.

Zumindest die Kopplung von Akkommodation und Konvergenz kann durch Training aufgehoben werden. Stereoskopisch trainierte 3D-Konsumenten können den Prozess mitunter wieder entkoppeln. Akkommodiert wird in diesem Fall auf den Bildschirm, wobei die Konvergenz sich auf das weit vor dem Display erscheinende Luftbild richten kann. Der Fixationspunkt ist dann für Akkommodation und Konvergenz unterschiedlich.

Die Verringerung der Pupille (Miosis) während der Nahakkommodation hat zusätzlich den Effekt, dass durch die Verringerung des Durchmessers auch die Schärfentiefe in der Abbildung vergrößert wird (Abschn. 4.1.2.1).

Unter der Voraussetzung der allgemeinen Gültigkeit kann die Naheinstellungstrias genutzt werden, um bei der Messung eines einzelnen Parameters auf die beiden anderen zu schließen. Tatsächlich lassen sich Konvergenz und Pupillendurchmesser sehr einfach per Videoaufnahme messen, sodass sich daraus auf eine Akkommodationsleistung schließen lässt.

Bei einem durch den Autor durchgeführten Test wurde eine Testperson aufgefordert, eine Testmarke in verschiedenen Entfernungen zu fokussieren (Abb. 3.12). Während dieser Aufnahme wurde die Testperson zusätzlich mit einer entfernten Infrarotquelle beleuchtet, und die verschiedenen Modi wurden mit einer Infrarotkamera aufgenommen. Dadurch genügte eine schwache Lichtquelle zur Beleuchtung, woraus bei der dadurch notwendigen Dunkeladaption ein größerer Pupillendurchmesser resultierte, der eine genauere Auswertung ermöglichte.

Die Beurteilung der Bilder deutet auf die Möglichkeit hin, die Naheinstellungstrias für eine vereinfachte Akkommodationsbestimmung verwenden zu können, auch ohne die Akkommodation selbst bestimmen zu müssen.

Der Aufbau ist dem Infrarotphotorefraktor nachempfunden, der von Choi et al. [9] zur Akkommodationsbestimmung bei Kindergartenkindern entwickelt und unter dem Namen PowerRefractor vertrieben wurde.

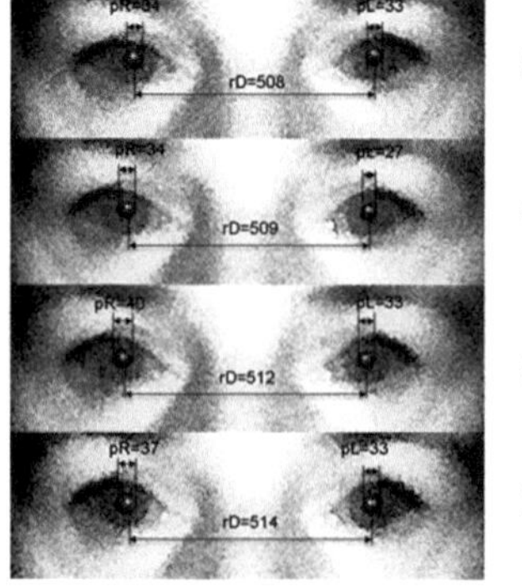

Abb. 3.12 Fotografische Messung von Konvergenz und Pupillengröße

Hintergrundinformationen
Der PowerRefractor nutzt die exzentrische Photorefraktion, bei der durch Bestimmung des Lichtreflexes auf der Retina eines Probanden auf dessen Fehlsichtigkeit geschlossen wird. Der Begriff exzentrische Photorefraktion wurde von Bobier und Bradick [10] vorgeschlagen, um die Position der Lichtquelle außerhalb der optischen Achse zu kennzeichnen. Eine Analyse der Bildform haben z. B. Wesemann et al. [11] durchgeführt und dabei den Grad der Fehlsichtigkeit anhand des retinalen Reflexes ermittelt.

Neben dem Begriff der „Photorefraktion" findet sich auch die Bezeichnung „Photoretinoskopie" (z. B. bei Schaeffel et al. [12] und Howland [13]).

3.1.2.5 Sakkaden

Das Auge führt grundsätzlich und unwillkürlich schnelle Bewegungen aus, die dem unbewussten Abscannen der Umgebung und der Bestimmung von wichtigen Objekten („region of interest") dienen, die dann unmittelbar fixiert werden. Joos et al. [14] unterscheiden 3 Arten von Augenbewegungen:

1. Suchbewegungen
   Ausrichtung des Auges auf das Sehobjekt zur Fixation für maximale Auflösung bei Blickwechsel, Objektverfolgung oder Veränderung der Eigenposition.
   Generell treten Suchbewegungen auf, wenn ein vorheriger Fixationsverlust aufgetreten ist oder ein Blickwechsel initiiert wurde.
2. Anpassbewegungen
   Reaktion auf die Bewegung des Körpers oder der visuellen Umwelt als Anpass- und Folgebewegungen zur dauerhaften Fixierung eines Objektes.
   Damit werden die Bewegungen zur Aufrechterhaltung der Fixation und damit der Stabilität des Netzhautbildes bezeichnet.
3. Mikrobewegungen
   Grundsätzlich reagieren die Photorezeptoren des Auges auf Veränderungen. Nach einer gewissen Zeit der Anregung verschwindet somit der Reiz, die Rezeptoren ermüden. Als Gegenmaßnahme wird das Auge in einem Bereich < 10 Winkelminuten bewegt, sodass der Reiz auf andere Rezeptoren auftrifft.

Sakkaden gelten als die schnellsten Bewegungen, zu denen der menschliche Körper fähig ist. Carpenter gibt in „Movements of the eyes" eine Formel zur Berechnung der Sakkadendauer an [15, Kap. 4, S. 71]:

$$\text{Sakkadendauer [ms]} = 2{,}2 \cdot \text{Sakkadenamplitude } [^\circ] + 21. \tag{3.4}$$

Eine Mikrobewegung (< 10 Winkelminuten) würde demnach etwas mehr als 21 ms dauern und liegt somit unterhalb der zeitlichen Wahrnehmungsgrenze von 30–40 ms (Abschn. 4.1.4.6). Dies entspricht mit ca. 50 Hz der Frequenz des Augenzitterns (Mikrotremor), das unbewusst und ständig auftritt. Aufgrund der hohen Frequenz können Sakkaden mit bloßem Auge nicht wahrgenommen, sondern nur mittels schneller Kameras aufgezeichnet werden.

3.1.3 Kognitive Datenverarbeitung

Nach der Datenerfassung durch das Auge werden die „Rohdaten“ an das Gehirn zur Auswertung übermittelt. Wie schon Helmholtz moniert hatte, ist allerdings die Qualität des optischen Apparates gering – und damit auch die resultierende Qualität der Daten. Dennoch ist die wahrgenommene Qualität hoch und bei einem einwandfrei funktionierenden Sehapparat (ohne Fehlsichtigkeiten oder Augenkrankheiten) jeder Kamera überlegen. Der Schlüssel dafür liegt in der Verarbeitung. Die Daten werden nicht einfach nur in der vorhandenen Qualität dargestellt, sondern vorher verarbeitet, verbessert und ergänzt.

► **Wichtig** Beim Sehen muss zwischen Abbildung und Wahrnehmung unterschieden werden. Die physikalische Bilddarstellung kann durch den Strahlengang durch das Auge als optisches System erklärt werden.
Die Wahrnehmung kann davon abweichen und liefert ein verarbeitetes Bild, das nicht nur durch Erfahrungen und Kenntnisse verändert, sondern auch mit anderen Sinnen verknüpft ist.
Das gesehene Bild ist eine Symbiose aus Abbildung und Wahrnehmung.

Das optische System bildet die Objekte auf dem Kopf stehend und seitenverkehrt ab. Bereits in den ersten Wochen des Lebens lernt das Gehirn, die Bildeindrücke entsprechend der tatsächlichen Raumanordnung auszuwerten und rechts/links sowie oben/unten im wahrgenommenen Bild richtig anzuordnen. Interessanterweise ist dieser Prozess umkehrbar. Stratton [16] belegt diese These 1896 in einem Selbstversuch, die Stern als „höchst sinnvoll erdachtes und mit Heroismus durchgeführtes Experiment“ bezeichnet [17, S. 253]. Dazu nutzte Stratton tagelang einen Umkehrlinsen-Vorsatz, der seine Sicht horizontal und vertikal spiegelte. Schon nach wenigen Tagen passte sich die Wahrnehmung an die veränderte Sicht an, und Stratton konnte sich wieder orientieren und die Dinge „erschienen … aufrecht und wirklich“ [17, S. 254].

Ebenso wie der Fakt der Bildumkehr können durch kognitive Verarbeitung auch weitere „Sensorfehler“ automatisch korrigiert werden. An der Stelle der Retina, an der die Sehnerven mit der Netzhaut verbunden sind, befindet sich die Papille. Da an diesem Ort keine Photorezeptoren vorhanden sind, wird der Bereich auch blinder Fleck genannt. Eigentlich müssten beim Sehen an diesen Positionen im Sensorbild Fehlstellen sichtbar sein. In der Wahrnehmung werden auch diese tatsächlich vorhandenen Bildfehler korrigiert, der blinde Fleck wird nicht gesehen.

Diese Korrektur greift auch bei anderen Fehlern, die entweder durch die mangelnde optische Qualität des Auges (z. B. sphärische und chromatische Aberration) oder optisch wirksame Veränderungen (z. B. Schädigungen von Hornhaut, Retina oder Glaskörper) hervorgerufen werden.

Die Abb. 3.13 soll die Unterschiede zwischen Abbildung und Wahrnehmung illustrieren.

Abb. 3.13 Vergleich von Abbildung und Wahrnehmung einer Szene

3.2 Monokulare Raumwahrnehmung (Monovision)

Es mag überraschen, dass bereits in der Renaissance die Hinweisreize, die in einem flachen Bild für das räumliche Sehen sorgen, bekannt waren. Dennoch lassen sich die meisten uns heute bekannten monoskopischen Reize schon in den Gemälden der alten Meister finden.

Die Bezeichnung monokular und monoskopisch beschreibt in beiden Fällen den Seheindruck, der mit einem Auge oder einem Objektiv gewonnen werden kann. Dabei wird der Begriff „monokular" regelmäßig auf die „einäugige" Betrachtung bezogen. So wird mit dem Namen Monokular ein optisches Instrument (z. B. Fernrohr oder Spektiv) benannt, ein Monokel dagegen war eine aus nur einem Glas bestehende Sehhilfe (auch „Einglas") und besonders zum Ende des 19. Jahrhunderts als Statussymbol beliebt. Folgerichtig wurde eine aus 2 Gläsern bestehende Sehhilfe als Binokel bezeichnet, ein Gerät zur beidäugigen Betrachtung oder Aufnahme als Binokular.

Mit dem Begriff „monoskopisch" wird die Wiedergabe monokular aufgenommener Bilder bezeichnet. Die Wiedergabe binokular aufgenommener Bilder ist aber nicht etwa „binoskopisch" (tatsächlich existiert dieses Wort nicht), sondern stereoskopisch.

► **Definition** Monoskopische Tiefenreize repräsentieren die Gesamtheit aller visuellen Stimuli, die bei der Betrachtung eines flachen Bildes zu einem Raumeindruck führen. Dabei ist es unerheblich, ob die Betrachtung einäugig oder beidäugig erfolgt.

Monokulare Tiefenreize repräsentieren die Gesamtheit aller visuellen und physiologischen Stimuli, die bei der einäugigen Betrachtung einer 3D-Szene zu einem Raumeindruck führen.

3.2.1 Perspektive

Die Darstellung einer Perspektive lässt sich durch diverse geometrische Projektionsverfahren erzielen. Dabei lassen sich durch die unterschiedlichen Perspektivdarstellungen auch verschiedene Wirkungen erzielen. So setzt die plastische Wirkung einer Parallelperspektive eine gewisse Kenntnis des zugrunde liegenden Konstruktionsverfahrens voraus, da sich diese Perspektive von der gewöhnlichen Wahrnehmung unterscheidet. Die Begründung dafür liegt in der technischen Umsetzung der Parallelperspektive. Zur Konstruktion wird ein paralleler Strahlensatz benötigt, der in realer Umsetzung eine sehr große Distanz zwischen Objekt und Betrachter voraussetzen würde. Das entspricht selten der echten Betrachtungssituation. Unmittelbar räumlich wirkt dagegen die Zentralperspektive, da diese dem natürlichen Sehen weitestgehend entspricht.

3.2.1.1 Parallelperspektive (Axonometrie)

Karl Wilhelm Pohlke, Maler, Zeichner und Professor für Geometrie und Perspektive, veröffentlichte im Jahr 1860 den Hauptsatz der Axonometrie, der hier in der Fassung von 1872 [18, S. 112] und in aktueller Schreibweise wiedergegeben ist:

> Drei Strecken von beliebiger Länge $\overline{A'X'}, \overline{A'Y'}, \overline{A'Z'}$, die in einer Ebene von einem Punkte A aus unter beliebigem Winkel gegeneinander gezogen werden, bilden eine Parallel-Projektion gleicher, auf drei rechtwinklige Koordinatenachsen vom Anfangspunkte $[A]$ aus abgetragenen Strecken $\overline{AX}, \overline{AY}, \overline{AZ} \ldots$

Damit ist gemeint, dass sich eine beliebige Anordnung von 4 Punkten auf einer Ebene (die mit den Punkten A', X', Y', Z' bezeichnet sind) immer auf die Parallelprojektion eines rechtwinkligen Koordinatensystems A, X, Y, Z zurückführen lässt. Aus jeder beliebigen Betrachtungsposition kann somit durch Parallelprojektion ein Abbild des realen Objektes erstellt werden. Über eine Einschränkung der Betrachtungsposition berichtet jedoch schon Schwarz [19]: Im Jahr 1856 besucht Jakob Steiner, der als ein Lehrer Pohlkes mit dessen Satz vertraut war, den Direktor des Züricher Polytechnikums (heute die Eidgenössische Technische Hochschule Zürich) Joseph von Deschwanden. Nach Steiners Erläuterung über Pohlkes Satz wandte Deschwanden ein: „aber wie!, wenn die vier gefundenen Punkte in einer Geraden liegen?“ Schwarz resümiert daher: „Man thut sich vielleicht besser, den obigen Grenzfall aus der Betrachtung auszuschließen.“ Pohlke fügt schließlich die Einschränkung hinzu: „… doch darf nur eine der Strecken … oder einer der Winkel gleich Null sein“ [18, S. 112].

Mit Ausnahme dieses Grenzfalls, lässt sich aber generell aus mehreren (definierten) Projektionen wiederum auf das reale Objekt schließen. Daher eignen sich axonometrische Projektionen immer dann, wenn die Darstellung möglichst maßgerecht ausfallen soll (beispielsweise in der Architektur, dem Militär oder dem Ingenieurwesen). Bereits in Abschn. 2.3.2 wurde auf Vitruv verwiesen, der mit der Bezeichnung „Orthographia“ die Parallelprojektion beschrieb.

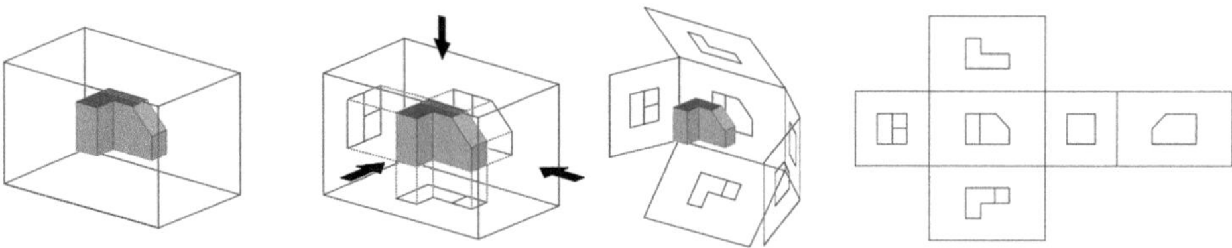

Abb. 3.14 Illustration einer Dreitafelprojektion. (Biezl/Wikimedia Commons)

In Abhängigkeit des virtuellen Betrachtungspunktes bzw. der Lage der Projektionsflächen werden teilweise spezifische Bezeichnungen verwendet. Häufige Anwendung finden bis heute auch in der computergestützten Konstruktion sowohl die Dreitafelprojektion als auch die Kavalierperspektive.

Eine Dreitafelprojektion (oder Normalprojektion, Abb. 3.14) ist die orthogonale (rechtwinklige) Projektion eines Objektes auf die Seitenflächen eines virtuellen, das Objekt vollständig umhüllenden Quaders. Die 6 möglichen Ansichten entstehen durch Entfaltung des Quaders. Vorteilhaft ist bei dieser Form der Projektion die Möglichkeit des exakten Messens im 2D-Bild.

Das Gegenstück zur Parallelperspektive in der realen Welt wäre eine Betrachtung eines Objektes in extremer Entfernung, wodurch die Fluchtlinien, die sich im Fluchtpunkt schneiden, zueinander parallel sind.

Die Kavalierperspektive zeigt eine unverzerrte Vorderansicht und ist dann besonders geeignet, wenn die Frontansicht für die Bewertung des Objektes von übergeordneter Bedeutung ist. Diese Form ist für eine schnelle Illustration einfacher Objekte gut geeignet, da die Konstruktion recht einfach ist. Alle horizontalen und vertikalen Linien werden in ursprünglicher Länge dargestellt, die Tiefenlinien dagegen üblicherweise um 45° geneigt und um die Hälfte verkürzt. Bei Vereinbarung definierter Neigung und Verkürzung lässt sich auch in dieser Abbildung messen. Zur Erläuterung eignet sich die Kavalierprojektion eines Würfels (Abb. 3.15).

Abb. 3.15 Würfel in Kavalierperspektive

Hintergrundinformationen
Die Bezeichnung Kavalierperspektive stammt aus dem Festungsbau. Dort ist ein Kavalier nicht etwa ein vornehmer Herr hoch zu Pferde: Kavaliere hießen die Geschützstellungen einer Festung (s. auch *das* Kavalier Hepp der früheren bayerischen Landesfestung Ingolstadt, in dem sich heute das Stadtmuseum befindet).

Die aus Pompeji (Abb. 2.7) und Reichenau (Abb. 2.12) bekannte isometrische Projektion (Abschn. 2.3.2) wird ebenfalls noch heute verwendet und ist neben anderen Projektionsarten als deutsche und europäische Norm festgeschrieben [20].

3.2.1.2 Zentralperspektive

Die Darstellung von Szenen in Zentralperspektive ist dem realen Sehen sehr ähnlich. Schon Pythagoras und seinen Schülern (um 500 v. Chr.) wird eine Theorie der Sehstrahlen zugeschrieben [21]. Nach der pythagoräischen Theorie der Extramission [22] strahlen die Augen ein internes Feuer ab, das von den Objekten zurückgeworfen wird.

Johann Wolfgang von Goethe führt dazu auch in seiner Farbenlehre [23] aus:

> Die Pythagoreer lassen die katoptrischen Erscheinungen entstehen durch eine Zurückwerfung der Opsis. Die Opsis erstrecke sich bis auf den Spiegel, und von seiner Dichte und Glätte getroffen, kehre sie in sich selbst zurück …

Obgleich diese Theorie auf der fälschlichen Annahme eines emittierenden Auges mit anschließender Reflexion (auch Katoptrik[1] oder Spiegelkunst [25]) der Emission durch die Objekte beruht, wird hier schon der zentrale Punkt definiert, auf dem die perspektivische Wahrnehmung beruht: das Auge.

Es ist hierbei geometrisch ohne Bedeutung, ob ein Signal vom Auge zum Objekt oder vom Objekt zum Auge transportiert wird. Der Weg ist immer der gleiche.

Vernachlässigt man die Beidäugigkeit und sendet ein divergentes Strahlenbündel von einem Auge aus, so lässt sich in diesem Bündel eine Ebene platzieren, die als Projektionsfläche dient.

Die Anfertigung einer derartigen Zentralprojektion hat schon Albrecht Dürer 1525 aufgezeigt (Abb. 3.16). Hierbei repräsentiert der Haken auf der rechten Bildseite, an dem das Gegengewicht aufgehängt ist, den Augpunkt, von dem die Sehstrahlen (hier die Schnur) ausgehen.

Bemerkenswert ist, dass Dürer diese Zentralprojektion auch mit anderen Verfahren (freiäugig und ohne Schnur) konsequent umgesetzt hat (Abb. 3.17).

[1] „Diesen Namen führt die Lehre vom Sehen durch zurückgeworfene (reflectirte) Lichtstralen, oder von dem Lichte, das von Spiegelflächen abprallet, s. Zurückwerfung der Lichtstralen …" [25]

Abb. 3.16 Zentralprojektion einer Laute. (Albrecht Dürer 1525/Wikimedia Commons)

Abb. 3.17 Zentralprojektion ohne Sehstrahl. (Albrecht Dürer 1525/Wikimedia Commons)

3.2.1.3 Texturperspektive

Die Zentralperspektive führt nicht nur bei einfachen Objekten zu einer räumlichen Illusion, sondern ganz besonders bei der Darstellung von Mustern oder Texturen. Wenn die Packungsdichte in einer Richtung zunimmt (Texturgradient), wird diese Richtung als sich entfernend wahrgenommen (Abb. 3.18).

Abb. 3.18 Textur, Ausschnitt des vorherigen Bildes. (Albrecht Dürer 1525)

3.2.1.4 Atmosphärische Perspektive

Eine da Vinci zugeschriebene Technik nennt sich Sfumato[2] und bezeichnet die verschwommene und „verblaute" Darstellung weit entfernter Objekte und Landschaften.

Die Beobachtung durch dicke Luftschichten lässt Objekte, die weiter vom Betrachter entfernt liegen, unschärfer, kontrastärmer und blauer erscheinen. Dabei wirken die in der Luft vorkommenden Partikel (z. B. Dunst oder Staub) praktisch wie ein gewaltiges Trübglas: Je größer die Betrachtungsentfernung ist, desto mehr wirkt das Medium als Nebel. Da die Atmosphäre nicht vollständig transparent, sondern nur größtenteils lichtdurchlässig (transluzent) ist, wird das von den Objekten ausgehende Licht an den Luftpartikeln gestreut (Volumenstreuung). Das gestreute Licht dient wiederum der indirekten Beleuchtung der Szene und damit deren Aufhellung. Die wahrgenommene Unschärfe vergrößert sich mit dem Objektabstand zum Betrachter. Diese Aufhellung und Unschärfe wird gewöhnlich als Luftperspektive bezeichnet.

Hintergrundinformationen

Der Luftperspektive wird üblicherweise auch die Aufhellung der Szene zugeordnet. Diese beruht jedoch nicht nur auf der Lichtstreuung an Partikeln, sondern auch auf der Streuung an den Luftmolekülen (der Ursache der Farbperspektive). Unter der Voraussetzung einer Farbkonstanz (konstante Wahrnehmung von Farben unabhängig von den Lichtverhältnissen) hat die Helligkeit aber keinen Einfluss auf die Farbe.

---

[2] Schattiert, abgetönt, http://de.pons.com/%C3%BCbersetzung/italienisch-deutsch/Sfumato, verrauchen, sich auflösen, http://de.pons.com/%C3%BCbersetzung/italienisch-deutsch/sfumare.

Abb. 3.19 Verblauung und Aufhellung

Die Farbperspektive ist untrennbar mit der Luftperspektive verbunden. An den Luftmolekülen der Atmosphäre wird das Sonnenlicht umso stärker gestreut, je kleiner seine Wellenlänge ist. Daher wird kurzwelliges blaues Licht stärker gestreut als langwelliges rotes. Ferne Objekte werden durch das blaue Streulicht nicht nur eingefärbt, sondern ebenfalls aufgehellt (Abb. 3.19).

► **Definition** Die Lichtstreuung der Atmosphäre wird nach ihrem Entdecker Lord Rayleigh auch als Rayleigh-Streuung bezeichnet.

Durch die regelmäßig und zuverlässig auftretenden physikalischen Effekte von Luft- und Farbperspektive ist das menschliche Gehirn so konditioniert, bestimmte Farben und Unschärfen auch bestimmten Entfernungen zuzuordnen. Rötliche Objekte werden als näher empfunden als bläuliche, unscharfe Objekte weiter entfernt als scharfe Abbildungen.

Diese Beobachtungen wurde bereits von da Vinci gemacht und in vorzüglicher Weise bei der Darstellung der Mona Lisa (Abb. 2.16) umgesetzt.

3.2.2 Morphologie

Die Morphologie ist die Lehre von Form und Gestalt. Bereits Goethe hat sich in seinen naturwissenschaftlichen Studien mit der Wahrnehmung der äußeren Gestalt beschäftigt und in seinen Schriften [24] diesen Ausdruck geprägt:

> Es hat sich daher auch in dem wissenschaftlichen Menschen zu allen Zeiten ein Trieb hervorgetan die lebendigen Bildungen als solche zu erkennen, ihre äußern sichtbaren, greiflichen Teile im Zusammenhange zu erfassen, sie als Andeutungen des Innern aufzunehmen und so das Ganze in der Anschauung gewissermaßen zu beherrschen. Wie nah dieses wissenschaftliche Verlangen mit dem Kunst- und Nachahmungstriebe zusammenhänge, braucht wohl nicht umständlich ausgeführt zu werden. Man findet daher in dem Gange der Kunst, des Wissens und der Wissenschaft mehrere Versuche, eine Lehre zu gründen und auszubilden, welche wir die Morphologie nennen möchten.

Mit dem Begriff Gestalt wird die wahrgenommene Form eines Objektes bezeichnet. Allerdings reduziert sich die Gestalt nicht auf die sichtbaren äußeren Objekteigenschaften wie Größe, Lage und Form, sondern beinhaltet bereits eine Interpretation des Wahrgenommenen, einen Abgleich mit der eigenen Kenntnis und Erfahrung. Goethe gebraucht den Begriff Gestalt zur ganzheitlichen Beschreibung „wirklicher Wesen“ [24]:

> Der Deutsche hat für den Komplex des Daseins eines wirklichen Wesens das Wort Gestalt. Er abstrahiert bei diesem Ausdruck von dem Beweglichen, er nimmt an, daß ein Zusammengehöriges festgestellt, abgeschlossen und in seinem Charakter fixiert sei.

Im Folgenden wird der Begriff allgemeiner verwendet. Morphologie bezeichnet in diesem Zusammenhang die Beschreibung von realen „Wesen“ und Objekten und dient somit zur Charakterisierung der Wahrnehmung von Größe, Lage oder Form.

3.2.2.1 Relative Größe

Die Größe von Objekten kann im Regelfall nicht absolut wahrgenommen werden, sondern immer nur im Vergleich zu anderen Objekten. Dabei ist unerheblich, ob es sich um vertraute oder unbekannte Objekte mit unnatürlicher Formgebung handelt. Sind die Objekte auf einer gemeinsamen Basislinie (die als gleiche Entfernung interpretiert wird), kann die Größe eines Objektes im Vergleich zu einem anderen benannt werden (relativ größer oder kleiner). Die absolute Größe kann erst im Vergleich mit einem vertrauten Objekt bestimmt werden, dessen Größe bekannt ist.

3.2.2.2 Relative Höhe

Aus Erfahrungswerten wird geschlossen, dass Objekte, die sich höher im Bild befinden, auch weiter entfernt sein müssen. Im Zusammenhang mit der relativen Größe kann so eine monokulare Entfernungsschätzung durchgeführt werden.

Dabei ist zudem entscheidend, wo die Objekte sich im Verhältnis zu Horizontlinie befinden. Oberhalb des Horizontes erscheinen Objekte, die sich weiter unten im Gesichtsfeld befinden, als weiter entfernt. Bei Objekten unterhalb des Horizontes werden dagegen weiter unten im Gesichtsfeld angeordnete Objekte als näher wahrgenommen.

3.2.2.3 Verdeckungen

Unmittelbar einsichtig ist, dass Objekte, die andere verdecken, näher zum Betrachter positioniert sein müssen. Ein verdecktes Objekt befindet sich demzufolge hinter dem verdeckenden Objekt. Durch Bewegung der Augen, des Kopfes oder des Körpers (Bewegungsparallaxe) kann ein Betrachter vormals verdeckte Objekte aufdecken und so weitere Informationen zu deren Raumstaffelung gewinnen.

3.2.2.4 Schatten

Aus der Länge von Schatten kann bei gleichbleibender Beleuchtungssituation nicht nur auf die relative Größe von Objekten geschlossen werden. Bei Schattenwurf auf andere Objekte kann auch auf deren Position zueinander geschlossen werden. Beim Schattenwurf handelt es sich um eine Zentralprojektion von Gegenständen mit der Lichtquelle als Projektionszentrum.

3.2.2.5 Bewegungsparallaxe

Bei einer Szene ohne Eigenbewegungen (ruhende Objekte) können durch Positionsveränderung, Kopf- oder gar Augenbewegung Rückschlüsse auf die Lage der Objekte zueinander gezogen werden. Objekte, die sich im Gesichtsfeld mehr zu bewegen scheinen, müssen dem Betrachter näher sein als solche mit geringer Scheinbewegung. Bei geringer Tiefendifferenz können durch Bewegung verursachte Ver- oder Aufdeckungen zur Kenntnis der Objektstaffelung beitragen.

3.3 Binokulare Raumwahrnehmung (Stereopsis)

3.3.1 Augenabstand

▶ **Definition** Als Augenabstand (b_A) wird die Entfernung zwischen den Pupillen eines Augenpaares bei paralleler Augenstellung bezeichnet. In der Augenoptik wird häufig der Begriff „Pupillendistanz“ (Abkürzung *PD*) verwendet, in der englischsprachigen Literatur „interpupillary distance“ (Abkürzung *IPD*).

Die binokulare Wahrnehmung wird vom Augenabstand induziert und durch diesen beeinflusst. Unterschiedliche Augenabstände führen zu unterschiedlichen Raumwahrnehmungen. Da der Augenabstand aber fix ist, ist auch die binokulare Wahrnehmung für das jeweilige Individuum stabil. Den Augenabstand gibt Wheatstone 1838 mit 2 1/2 Zoll (63,5 mm) an [26], was auch aus heutiger Sicht Bestand hat. Dodgson [27] ermittelt 2004 einen durchschnittlichen Wert von ca. 63,4 mm bei einer Streuung zwischen 47 und 78 mm.

Wenn in späteren Berechnungen der Augenabstand eingesetzt wird, ist immer der durchschnittliche Augenabstand gemeint.

$$\overline{d_{\mathrm{A}}} = 63{,}5\,\mathrm{mm} \tag{3.5}$$

3.3.2 Disparation

► **Definition** Als Folge des Augenabstandes kommt es zu einer unterschiedlichen Abbildung von Objekten auf der Netzhaut (Retina) des linken bzw. des rechten Auges, die als Disparation bezeichnet wird.

Da die Augen nebeneinander angeordnet sind, wird auch der Begriff Querdisparation gebraucht.

Der ebenfalls häufig verwendete Begriff „Disparität" wird ganz allgemein zur Bezeichnung von Unterschiedlichkeiten verwendet, wogegen der Begriff „Disparation" immer

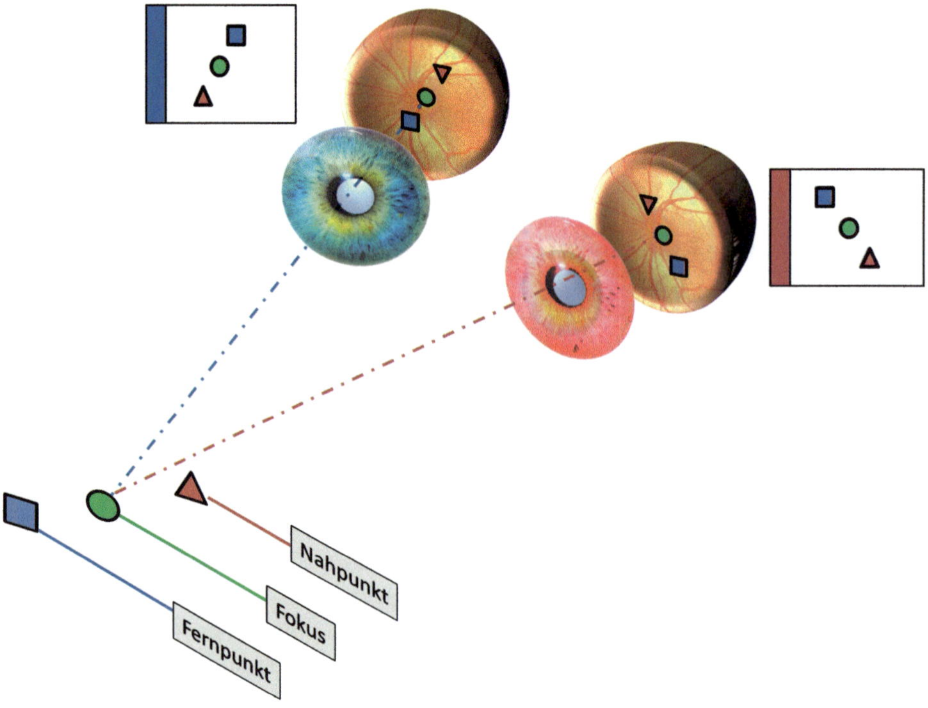

Abb. 3.20 Ursache der Disparation

eindeutig auf das räumliche Sehen hinweist. Diese Disparation ist die Hauptursache für das räumliche Sehen.

In Abb. 3.20 betrachtet das Augenpaar (rechtes Auge blaue Iris, linkes Auge rote Iris) 3 einfache Objekte (rotes Dreieck, grüner Kreis, blaues Quadrat). Die 3 Objekte sind in der Höhe versetzt (Quadrat oben, Kreis mittig, Dreieck unten) und in der Entfernung gestaffelt (Dreieck im Nahpunkt, Kreis im Fokus, Quadrat im Fernpunkt). Mit der Bezeichnung Fernpunkt ist jeweils das entfernteste Objekt gemeint, der Nahpunkt bezeichnet das dem Betrachter am nächsten liegende.

Die Objekte werden auf der Retina gemäß den Gesetzen der optischen Abbildung, also seitenverkehrt und auf dem Kopf stehend, abgebildet. In der Wahrnehmung ist das Abbild wieder höhen- und seitenrichtig.

Abb. 3.21 Illustration zu Aguilonius' Optik aus der Werkstatt von Rubens. (Werkstatt Rubens 1618)

3.3.3 Horopter

Der Begriff Horopter wurde von dem belgischen Mönch und Wissenschaftler Franciscus Aguilonius geprägt, der Anfang des 17. Jahrhunderts in seinen optischen Büchern auch über die Theorie des Sehens referiert [28]. Der Horopter erscheint dort als eine Ebene.

Hintergrundinformationen
Das Buch ist neben seiner inhaltlichen Bedeutung auch aus künstlerischer Sicht wertvoll: Die Illustrationen stammen aus der Werkstatt von Peter Paul Rubens (Abb. 3.21).

Der Königsberger Professor Baer beschreibt 1824 in seiner Vorlesung „Vom Sehen" [29] in sehr anschaulicher Weise die Funktion des Horopters:

> Nur die Gegenstände, welche im Horopter liegen, erscheinen uns einfach, alle andern doppelt.

Allerdings wird hier bereits von dem Gedanken einer ebenen Fläche abgewichen.

> Wenn der Horopter die Fläche ist, in der wir die Gegenstände einfach sehen, so ist er genau genommen nicht eine Ebene, sondern eine Kugelfläche, die durch beide Pupillen und den Punkt C geht.

Hierbei ist der Punkt C der beobachtete, entfernt liegende Fixationspunkt beider Augen.

Auf diesem Ansatz beruht der Vieth-Müller-Kreis, der als theoretischer Horopter durch die Eintrittspupillen beider Augen und den Fixationspunkt läuft (Abb. 3.22). Alle Punkte auf dem Kreis werden an korrespondierenden Netzhautstellen abgebildet, wodurch keine Doppelbilder entstehen können.

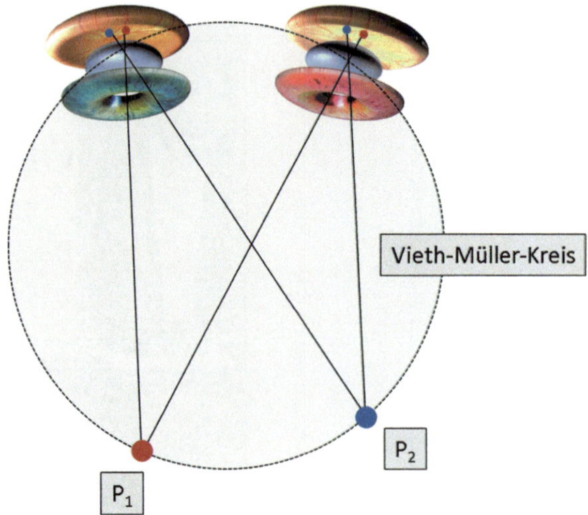

Abb. 3.22 Vieth-Müller-Kreis

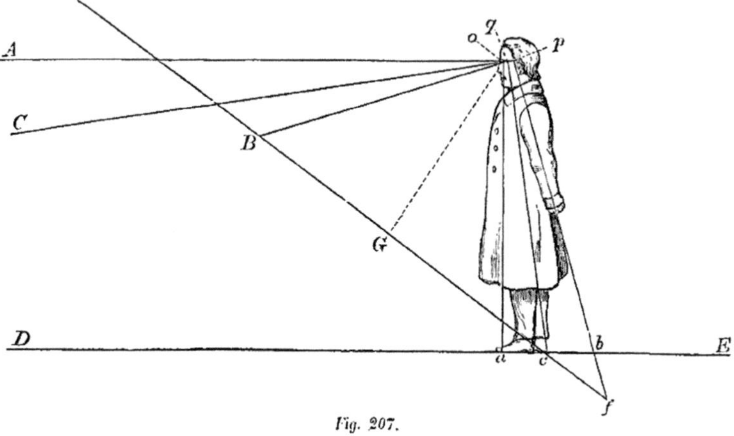

Abb. 3.23 Geneigter Horopter [2]

Der Horopter selbst ist 3-dimensional, hat also auch eine vertikale Komponente. Helmholtz hat beschrieben, dass der Horopter vertikal gegenüber der Senkrechten verkippt ist und liefert dazu im „Handbuch der physiologischen Optik" [2, S. 717] eine Illustration (Abb. 3.23).

Der tatsächliche (empirische) Horopter weicht vom theoretischen Horopter ab, wobei nach Hillebrand [30] die Abweichung auch eine Funktion der Entfernung ist (Abb. 3.24 und 3.25). Dieses Phänomen ist als Horopterabweichung bekannt.

Abb. 3.24 Horopter bei Nahakkommodation [31]

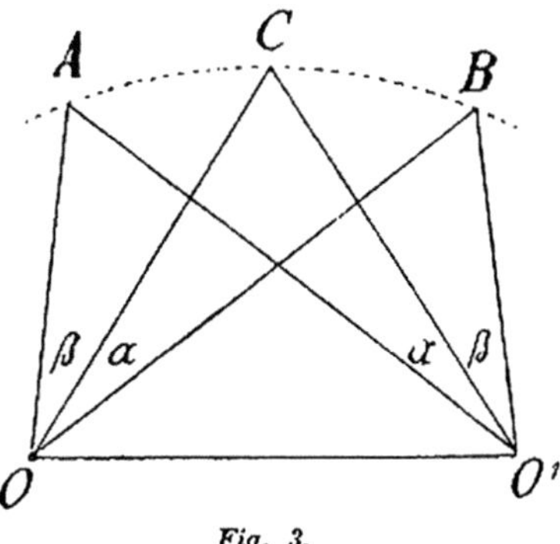

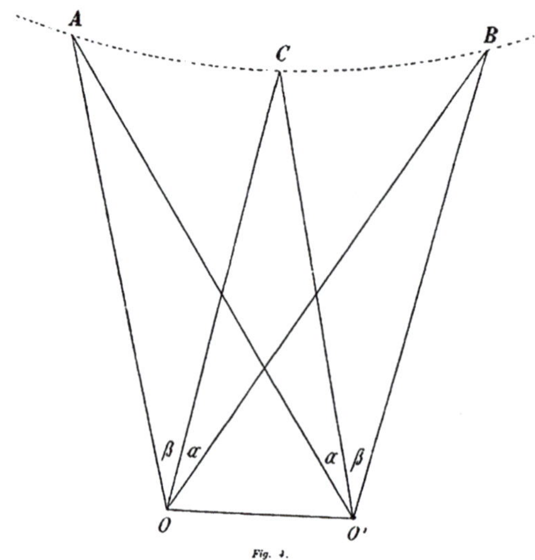

Abb. 3.25 Horopter bei Fernakkommodation [30]

3.3.4 Panum-Raum

Eine Fusion der Netzhautbilder findet aber nicht nur auf dem empirischen Horopter statt. Panum beschreibt 1858 [31], dass

> … Contouren, die nicht identische Netzhautstellen treffen, oder die ausserhalb des jedesmaligen Horopters liegen, nicht immer als Doppelbilder wahrgenommen werden …

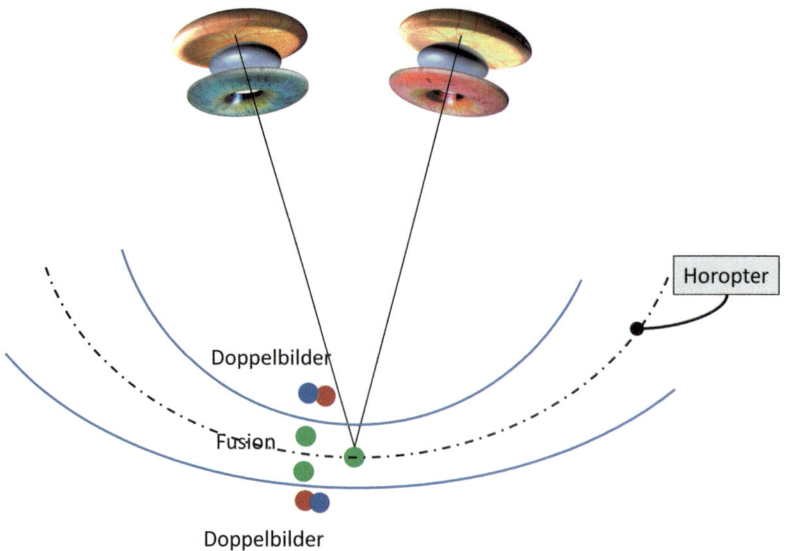

Abb. 3.26 Panum-Bereich

Er erkennt, dass auch Punkte außerhalb des Horopters nicht zwangsläufig zur Wahrnehmung von Doppelbildern führen müssen. In diesem Bereich, dem Panum-Fusionsareal, führt die Abbildung von korrespondierenden Punkten noch zur Fusion der beiden Retinabilder.

Im Panum-Raum (Abb. 3.26) findet die Wahrnehmung der räumlichen Tiefe statt, Doppelbilder werden nicht bemerkt. Aber selbst außerhalb des Panum-Bereichs ist noch 3D-Sehen möglich, da durch die Verringerung der Tiefenschärfe außerhalb des Fixationspunktes Doppelbilder durch Unschärfe unterdrückt werden können.

Literatur

1. Helmholtz, H.L.F.: Populäre wissenschaftliche Vorträge, Bände 1–2 Bd. 2. Friedrich Vieweg und Sohn, Braunschweig, S. 21 (1871). https://books.google.de/books?id=4gIIAAAAIAAJ&printsec=frontcover&hl=de&source=gbs_ge_summary_r&cad=0#v=onepage&q&f=false. Zugegriffen: 09.11.2015
2. Helmholtz, H.: Handbuch der physiologischen Optik. Leopold Voss, Leipzig (1867). https://archive.org/details/handbuchderphysi00helm. Zugegriffen: 15.11.2015
3. Curcio, C.A.: Human photoreceptor topography. Journal of comparative Neurology **292**, 497–523 (1990). https://cis.uab.edu/sloan/PRtopo/Curcio_JCompNeurol1990_PRtopo_searchable.pdf. Zugegriffen: 25.12.2015
4. Derr, L.: Photography for Students of Physics and Chemistry. Macmillan Company, London, S. 78 (1906). https://ia802607.us.archive.org/0/items/photographyfors01derrgoog/photographyfors01derrgoog.pdf. Zugegriffen: 24.12.215
5. Callisen, H.: Grundsätze der heutigen Chirurgie, Wien (1792). https://books.google.de/books?id=vh1gAAAAcAAJ. Zugegriffen: 25.12.2015
6. Spindler, J.: Über die Entzündungen des Auges. Joseph Stahel, Würzburg (1807). https://books.google.de/books?id=jDM_AAAAcAAJ. Zugegriffen: 25.12.2015
7. Cicero, M.T.: De natura deorum, Rom ca. 45 v. Chr. Ernesti/Creuzer, Leipzig (1818). https://books.google.de/books?id=DVsTAAAAYAAJ. Zugegriffen: 25.12.2015
8. Cicero, M.T.: „Vom Wesen der Götter", Rom ca. 45 v. Chr, dt. Übersetzung. Artemis Verlag, München (1990). https://books.google.de/books?hl=de&id=XujmBQAAQBAJ. Zugegriffen: 25.12.2015
9. Choi, M., Weiss, S., Schaeffel, F., Seidemann, A., Howland, H.C., Wilhelm, B., Wilhelm, H.: Laboratory, clinical, and kindergarten test of a new eccentric infrared photorefractor (PowerRefractor). Optometry & Vision Science **77**(10), 537–548 (2000). http://journals.lww.com/optvissci/Fulltext/2000/10000/Laboratory,_Clinical,_and_Kindergarten_Test_of_a.8.aspx. Zugegriffen: 26.12.2015
10. Bobier, W.R., Braddick, O.J.: Eccentric photorefraction: optical analysis and empirical measurements. Ameriacan Journal of Optometry **62**(9), 614–620 (1985). http://journals.lww.com/optvissci/Abstract/1985/09000/Eccentric_Photorefraction__Optical_Analysis_and.6.aspx. Zugegriffen: 26.12.2015
11. Wesemann, W., Norcia, A.M., Allen, D.: Theory of eccentric photorefraction (photoretinoscopy): astigmatic eye. J. Opt. Soc. Am. A **8**(12), 2038 (1991). https://www.researchgate.net/publication/21371741_Theory_of_eccentric_photorefraction_photoretinoscopy_astigmatic_eyes. Zugegriffen: 26.12.2015

12. Schaeffel, F., Farkas, L., Howland, H.C.: Infrared photoretinoscope. Appl. Opt. **26**, 1505–1509 (1987). https://www.osapublishing.org/ao/viewmedia.cfm?uri=ao-26-8-1505&seq=0&html=true. Zugegriffen: 26.12.2015
13. Howland, H.C.: Optics of photoretinoscopy: results from ray tracing. Ameriacan Journal of Optometry **62**(9), 621–625 (1985). http://journals.lww.com/optvissci/Abstract/1985/09000/Optics_of_Photoretinoscopy__Results_from_Ray.7.aspx. Zugegriffen: 26.12.2015
14. Joos, M., Rötting, M., Velichkovsky, B.M.: Die Bewegungen des menschlichen Auges: Fakten, Methoden, innovative Anwendungen. In: Psycholinguistik. Ein internationales Handbuch. De Gruyter, Berlin, S. 142–168 (2003). https://tu-dresden.de/die_tu_dresden/fakultaeten/fakultaet_mathematik_und_naturwissenschaften/fachrichtung_psychologie/i3/applied-cognition/publikationen/. Zugegriffen: 26.12.2015
15. Carpenter, R.H.S.: Movements of the Eyes, 2. Aufl. Pion Press, London (1988). http://www.cns.nyu.edu/~bijan/courses/sm10/Readings/Carpenter_Ch4_Saccades.pdf. Zugegriffen: 26.12.2015
16. Stratton, T.: Some preliminary experiments on vision without inversion of the retinal image. Vortrag Third International Congress for Psychology, München. (1896). http://www.cns.nyu.edu/~nava/courses/psych_and_brain/pdfs/Stratton_1896.pdf. Zugegriffen: 26.12.2015
17. Stern, W.: Literaturbericht. Zeitschrift für Psychologie und Physiologie der Sinnesorgane **18**, 253 (1898). https://ia802705.us.archive.org/26/items/zeitschriftfrps26psycgoog/zeitschriftfrps26psycgoog.pdf. Zugegriffen: 26.12.2015
18. Pohlke, K.W.: Darstellende Geometrie, 3. Aufl. Rudolph Gartner, Berlin (1872). http://reader.digitale-sammlungen.de/resolve/display/bsb11011192.html. Zugegriffen: 08.10.2015
19. Schwarz, A.H.: Gesammelte Mathematische Abhandlungen, 2. Aufl. American Mathematical Soc, New York (1890). https://books.google.de/books?hl=de&id=cKWBJBcM_18C&dq=0-8284-0260-4&q=pohlke#v=snippet&q=pohlke&f=false. Zugegriffen: 11.10.15
20. DIN ISO 5456-3:1998-04: Technische Zeichnungen – Projektionsmethoden, Teil 3: Axonometrische Darstellungen, Deutsches Insitut für Normung (1998). http://www.beuth.de/de/norm/din-iso-5456-3/3357845. Zugegriffen: 11.10.15
21. Hoppe, E.: Geschichte Der Optik (2012). https://books.google.de/books?id=qDUhQGk3I28C&printsec=frontcover&hl=de&source=gbs_ge_summary_r&cad=0#v=onepage&q&f=false. Zugegriffen: 11.10.2015
22. Galili, I.: Exkurs über die Geschichte des Sehens und der Bildentstehung (2010). http://hipst.eled.auth.gr/hipst_docs/HUJI_image_german.pdf. Zugegriffen: 11.10.2015
23. Goethe, J.W. von: Zur Farbenlehre Bd. 2. Cotta'sche Buchhandlung, Tübingen (1810). https://books.google.de/books?id=7UY7AAAAcAAJ&hl=de&source=gbs_navlinks_s. Zugegriffen: 11.10.15
24. Gothe, J.W. von: Schriften zur Morphologie II Bd. 19. Cotta'sche Buchhandlung, Stuttgart, S. 15 (1817). https://books.google.de/books?id=JRbfAAAAMAAJ&dq=Schriften_zur_Morphologie_II&hl=de&source=gbs_navlinks_s. Zugegriffen: 14.11.2015
25. Gehler, J.S.T.: Physikalisches Wörterbuch, oder Versuch einer Erklärung der vornehmsten Begriffe und Kunstwörter der Naturlehre..., Leipzig 1796 Register. https://books.google.de/books?id=K2lMAAAAcAAJ&vq=Katoptrik&hl=de&source=gbs_navlinks_s. Zugegriffen: 11.10.15. Stichwort Katoptrik: http://archimedes.mpiwg-berlin.mpg.de/cgi-bin/archim/dict/hw?lemma=Katoptrik&step=entry&id=d007. Zugegriffen: 11.10.2015
26. Wheatstone, C.: Contributions to the physiology of vision. Part the first. On some remarkable, and hitherto unobserved, phenomena of binocular vision. Phil Trans R Soc **128**, 371–394 (1838). http://rstl.royalsocietypublishing.org/content/128/371.full.pdf+html. Zugegriffen: 15.11.2015
27. Dodgson, N.A.: Variation and extrema of human interpupillary distance. Proc SPIE **5291**, 36 (2004). http://www.cl.cam.ac.uk/~nad10/pubs/EI5291A-05.pdf. Zugegriffen: 15.11.2015

28. Aguilonii, F.: Opticorum libri sex: philosophis iuxta ac mathematicis utiles. Antwerpen (1613). https://books.google.de/books?id=Wp28ofidOQsC&dq=%22Opticorum+Libri+%22+%22horopter%22&hl=de&source=gbs_navlinks_s. Zugegriffen: 15.11.2015
29. Baer, E.K.: Vorlesungen über die Anthropologie für den Selbstunterricht. Gebrüder Bornträger, Königsberg (1824). https://books.google.de/books?id=cARfAAAAcAAJ&dq=horopter+Pupillen%22&hl=de&source=gbs_navlinks_s. Zugegriffen: 15.11.2015
30. Hillebrand, F.: Die Stabilität der Raumwerte auf der Netzhaut. Zeitschrift für Psychologie und Physiologie der Sinnesorgane **5**, 1–60 (1893). http://vlp.mpiwg-berlin.mpg.de/references?id=lit15065. Zugegriffen: 15.11.2015
31. Panum, P.L.: Physiologische Untersuchungen über das Sehen mit zwei Augen. Schwer'sche Buchhandlung, Kiel (1858). https://www.deutsche-digitale-bibliothek.de/item/UJMRQIJBUB5ZVMVL6TCOFMCCQ5UXRSXK. Zugegriffen: 15.11.2015

Raumbildtechnik

4

Die Geschichte der Raumbildtechnik beginnt mit der Erfindung des Stereoskops im 19. Jahrhundert. Im Stereoskop wurden erstmalig bewusst die binokularen Tiefenreize benutzt, um eine Raumwirkung zu erzielen. Das Stereoskop ist die Grundlage vieler 3D-Technologien, das Grundprinzip findet bis heute Anwendung im 3D-Kino oder in aktuellen Virtual-Reality-Brillen.

► **Definition** Als Raumbildtechnik wird die Gesamtheit aller Verfahren und Vorrichtungen bezeichnet, die eine künstliche räumliche Wahrnehmung durch visuelle Stimulation erzielen. Dabei ist es unerheblich, ob die Wirkung durch gezielte binokulare Darstellung (z. B. durch Stereoskope) oder durch passive binokulare Rezeption (z. B. bei Volumendarstellung) erreicht wird.

4.1 Stereoskope

► **Definition** Benutzt man zur Erzielung eines räumlichen Eindrucks bei der Betrachtung des Stereobildpaares ein Hilfsmittel, so wird dieses „Stereoskop" genannt.

Die Stereoskopie bezeichnet die Aufnahme oder Wiedergabe zweier monokularer Einzelbilder zum Zweck der Erzielung einer räumlichen Wirkung unter Verwendung eines Stereoskops.

Alle modernen 3D-Brillen fallen in die Kategorie Stereoskope, aber nicht alle Stereoskope in die Kategorie 3D-Brille.

Ein Stereoskop hat im Wesentlichen eine Aufgabe: die möglichst effektive Trennung der beiden Einzelbilder im Stereobildpaar (Separation) und deren eindeutige Zuordnung zu den Augen des Betrachters. Das aus der linken Position aufgenommene Bild darf nur mit dem linken Auge gesehen werden, das aus der rechten Position dagegen nur mit dem

A. Grasnick, *3D ohne 3D-Brille*, X.media.press, DOI 10.1007/978-3-642-30510-8_4

rechten Auge. Zur Bildtrennung wurden im Verlauf der Entwicklung verschiedene Verfahren vorgestellt, deren wichtigste Vertreter im Folgenden aufgeführt werden.

4.1.1 Spiegelstereoskop nach Wheatstone

Der englische Professor Wheatstone veröffentlichte im Jahr 1838 seinen Artikel „On some remarkable, and hitherto unobserved, phenomena of binocular vision" [1]. In diesem Aufsatz wird nicht nur die binokulare Wahrnehmung beschrieben, sondern auch ein Gerät, mit dem diese Wahrnehmung durch Darstellung zweier Bilder provoziert wird (Abb. 4.1). Wheatstone erfindet auch gleich einen Namen: „Stereoscope".

> The frequent reference I shall have occasion to make to this instrument, will render it convenient to give it a specific name, I therefore propose that it be called a stereoscope, …

Dieser Artikel gilt nicht nur als der Beginn der Stereoskopie, sondern stellt bis heute einen Meilenstein in der Geschichte der Raumbildtechnik dar.

Das Gerät ist recht einfach aufgebaut. Zwei Spiegel sind im Winkel von 90° angeordnet, dem Betrachter zugewandt und reflektieren 2 Einzelbilder, deren Abstand zueinander variabel ist. Der Betrachter sitzt möglichst nahe vor den Spiegeln und kann dabei den Abstand der Einzelbilder variieren, bis eine ausreichende Überlagerung der Einzelbilder zur 3D-Wahrnehmung erreicht ist.

Tatsächlich haben wir es hier mit einem Gerät zu tun, das bereits moderne Eigenschaften aufweist. Bei Bewegung entlang der optischen Achse bei gleichzeitiger Präsentation geeigneter Bilder kann auch ein größerer Betrachtungsabstand eingenommen werden. Der

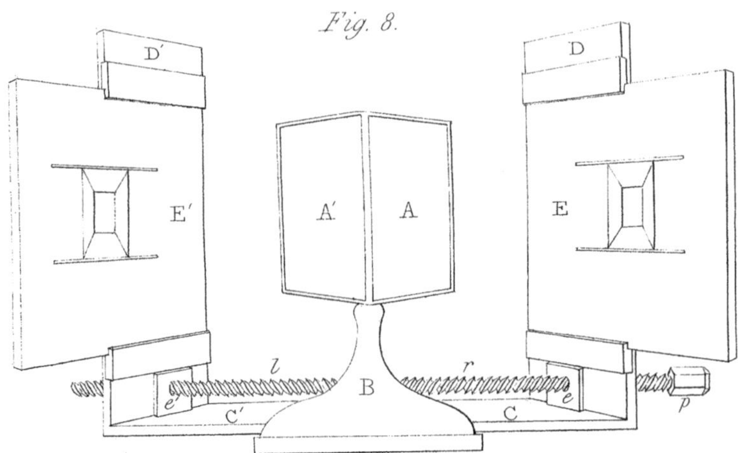

Abb. 4.1 Spiegelstereoskop von Wheatstone

Spiegel-Stereoskop

zum Übersehen großer Stereogramme in ihrer ganzen Ausdehnung.

Abb. 4.2 Spiegelstereoskop von Zeiss [2]

Betrachtungsabstand ist also variabel. Für die Betrachtung wird keine Brille benötigt, das erste Stereoskop funktioniert bereits im Modus „3D ohne 3D-Brille".

Spiegelstereoskope (Abb. 4.2) werden bis heute hergestellt und dienen hauptsächlich der analogen Auswertung von Luftbildaufnahmen. Bei aktuellen Spiegelstereoskopen werden häufig zusätzliche Okulare verwendet, wodurch die Betrachtungsentfernung fixiert ist.

4.1.2 Linsenstereoskop nach Brewster

Zur gleichen Zeit wie Wheatstone beschäftigte sich der Schotte Brewster mit der Stereoskopie. Die beiden disputierten öffentlich in der Zeitung *The Times* über die Erfindung des Stereoskops, die Wheatstone beanspruchte, wogegen Brewster die Urheberschaft Wheatstones anzweifelte [3].

Brewster führt als Beweis ein Bild des Jacopo Chimenti an, das nach seiner Ansicht bereits in binokularer Ansicht ausgeführt war (Abb. 4.3). Obgleich bereits damals durchaus angezweifelt wurde, dass die Arbeit zur binokularen Betrachtung geeignet sei [4], behauptete Brewster eine stereoskopische Intension.

> ... we cannot for a moment doubt that they are binocular drawings ...

Bei objektiver Betrachtung des Bildes kann jedoch festgestellt werden, dass im Falle der Absicht einer stereoskopischen Darstellung diese ungenügend ausgeführt wurde und sich dadurch ein räumlicher Eindruck nur partiell erreichen lässt.

Abb. 4.3 Chimentis „Stereobildpaar" [5]

Brewster entwickelte jedoch ein Stereoskop (Abb. 4.4), dass deutlich praktikabler war als das von Wheatstone und als der Vorläufer vieler nachfolgender Stereoskope gelten darf.

Der entscheidende Unterschied war die Verwendung zweier prismatischer Linsen als Okular. Durch die resultierende parallele Stellung der Augen und die Möglichkeit zur Fernakkommodation war ein deutlich entspannteres Sehen möglich. Die Prismen erlauben zudem einen weiteren Bildabstand als den Augenabstand und somit die Verwendung größerer Stereobilder oder -fotografien.

Im Jahr 1856 veröffentlichte Brewster ein sehr ausführliches Werk über den Stand der Stereoskopie, in dem sich neben den theoretischen Grundlagen auch praktische Beschreibungen für den Bau von Stereoskopen finden [6].

Hintergrundinformationen

Seine heutige Bekanntheit verdankt Brewster vermutlich einer anderen Entdeckung, dem Brewster-Gesetz, das den Winkel beschreibt, an dem das reflektierte Licht an einer optischen Grenzfläche vollständig polarisiert wird.

4.1.2.1 Simpel-Stereoskop nach Holmes

Der englische Arzt Holmes baute sich ein einfaches, preiswertes Stereoskop, mit dem er seine stereoskopischen Aufnahmen betrachten kann. In seinem 1859 veröffentlichten Essay „The stereoscope and the stereograph" [7] beschreibt er auch den Stand der

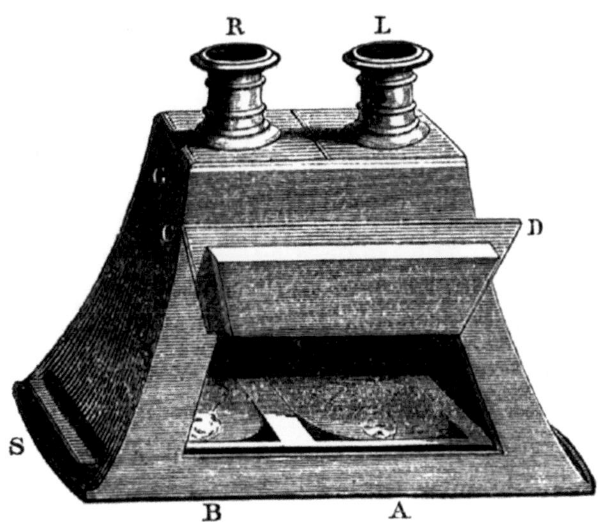

Abb. 4.4 Linsenstereoskop nach Brewster

Technik hinsichtlich der stereoskopischen Viewer. Aus seiner Sicht sind viele der bislang erreichten stereoskopischen Verbesserungen (achromatische Linsen, Stereodiapositive auf Glas, Kolorierung, mechanische Justierungen) nicht nur unnötig, sondern teilweise sogar kontraproduktiv. Im Resultat plädiert er für eine Simplifizierung der Instrumente und prognostiziert der Stereoskopie eine große Zukunft. Aufgrund der „quasi-wissenschaftlichen" Verbesserung mittels seines „simple stereoscope" erhofft er sich eine große Verbreitung und verzichtet auf eigenen Profit [8]:

> I believed, ..., that money could be made out of it. But, considering it as a quasi scientific improvement, I wished no pecuniary profit from it, and refused to make any arrangement by which I should be a gainer. All I asked was, to give it to somebody who would manufacture it for sale to the public.

Er findet in dem Bostoner Bates einen Mitstreiter, der die Geräte nicht nur baut, sondern auch verbessert (Abb. 4.5).

Durch die von Holmes verfügte „open source hardware" wurden die Holmes-Bates-Stereoskope auch von anderen Unternehmen in großer Stückzahl gebaut (z. B. Underwood & Underwood) und sind daher mitunter noch heute auf Flohmärkten zu bekommen.

4.1.2.2 Lageadaptives Linsenstereoskop

Die heutigen stereoskopischen „Head-Mounted-Displays" oder „Virtual-Reality-Brillen" sind technisch gesehen zunächst nichts weiter als am Kopf getragene Linsenstereoskope. Ersetzt man zudem das bisherige (analoge) fotografische Stereobildpaar in einem Stereoskop durch einen (digitalen) Flachbildschirm, lässt sich der Stereobildwechsel nicht nur deutlich einfacher vollziehen, sondern es können sogar bewegte Szenen dargestellt werden. Der entscheidende Unterschied eines einfachen „kopffixierten" Stereoskops zu einem

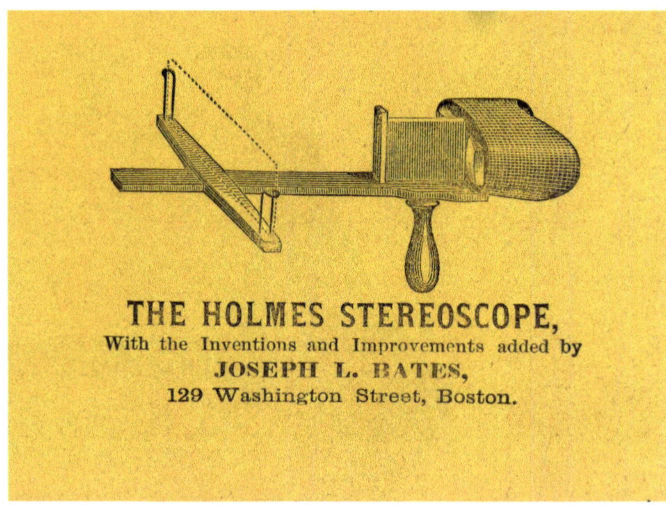

Abb. 4.5 Holmes-Stereoskop in der Umsetzung von Bates [9]

aktuellen Head-Mounted-Display liegt in der Nachführung der Kopfbewegung zur Simulation der Bewegungsparallaxe. Bewegt man also den Kopf ein wenig zur Seite, wird durch die integrierten Lagesensoren ein Signal ausgelöst, das die Darstellung des zur derzeitigen Kopfstellung zugehörigen Stereobildes kommandiert. Der virtuelle Raum wird bei diesen Stereoskopen der aktuellen Lage nachgeführt, wodurch es sich um ein lageadaptives Stereoskop handelt.

Der Science-Fiction-Autor Stanislaw Lem beschreibt schon 1964 in der „Summa Technologia" eine nahezu perfekte Simulation der Umgebung, das Verschmelzen von virtueller und physischer Realität, die er Phantomatik nennt [10]:

> Die Phantomatik nämlich bedeutet, daß zwischen der „künstlichen Realität" und ihrem Empfänger wechselseitige Verbindungen geschaffen werden.

Mit zunehmender technischer Finesse der Stereoskope erhält Lems phantomatische Vision mehr Bedeutung, da die Illusion der Realität sich visuell immer weniger von der Wirklichkeit unterscheiden lässt. Da aber derzeit nicht alle Sinne stimuliert werden, ist die Täuschung nach wie vor offensichtlich. Nicht zuletzt ist die Brille selbst ein deutliches Indiz für das Vorhandensein einer virtuellen Realität, die „Nichtauthentizität" kann noch entdeckt werden.

4.1.3 Stereoskopische Stroboskope

Der Franzose Duboscq nutzt das Prinzip des Brewster-Stereoskops nicht nur, sondern erweitert es um die Möglichkeit der Bewegtbilddarstellung und nennt es nun „Stereo Fantaskop“ oder „Bioskop“ [11].

Die Grundlage bildete das von Plateau 1832 entwickelte „Phénakisticope“ bzw. Fantaskop. Das Fantaskop konnte eine Bewegtbildersequenz darstellen und beruhte auf dem stroboskopischen Effekt. Die Bezeichnung Stroboskop geht auf den Österreicher Stampfer zurück, der bei der Beschäftigung mit dem „faradayschen Zahnradphänomen“ (etwa zur gleichen Zeit wie Plateau) dieses Phänomen zur Darstellung von Bewegungsabläufen nutzte [12]:

> Einige Wiederholungen dieser Versuche … führten mich bald zu der Ueberzeugung, dass das hier zu Grunde liegende Prinzip einer sehr grossen Allgemeinheit fähig sei, … indem sich nach diesem Prinzipe … die mannigfaltigsten Handlungen und Bewegungen an Menschen und Thieren der Natur getreu darstellen lassen.

Die dazu verwendeten Scheiben bezeichnete Stampfer als „stroboscopische Scheiben“ oder „optische Zauberscheiben“.

Hintergrundinformationen

Das „faradaysche Zahnradphänomen“ bezeichnet eine optische Illusion, die auf der Überlagerung zweier sich mit ungleicher Geschwindigkeit drehender Raster (im Beispiel die Zähne von Zahnrädern) beruht. Unter bestimmten Bedingungen kann eine von der Drehgeschwindigkeit der Einzelräder abweichende Drehgeschwindigkeit wahrgenommen werden. Die Beobachtung von Faraday wird den Lesern der *Zeitschrift für Mathematik und Physik* als „optische Täuschung besonderer Art“ beschrieben [13] :

> Faraday sah gezähnte Räder eines Mühlwerkes mit solcher Geschwindigkeit umlaufen, daß er bei einer bestimmten unveränderten Stellung des Auges keinen Zahn deutlich wahrnehmen konnte; als er aber eine solche Stellung annahm, daß ein Rad das andere deckte, so erschien ihm alsogleich das Bild der Zähne deutlich, aber wie Schattenriß, langsam nach einerlei Richtung sich fort bewegend.

Die Beobachtung der Veränderung der Wahrnehmung durch Überlagerung von bewegten Rastern machte einige Jahre zuvor der Mediziner Roget [14]. Die deutsche Überschrift in den *Annalen der Physik* aus dem Jahr 1825 „Erklärung eines optischen Betruges bei Betrachtung der Speichen eines Rades durch vertikale Oeffnungen“ [15] erscheint jedoch ein wenig martialisch. Ein Betrug nach heutigem Verständnis ist die absichtliche Verschaffung eines Vorteils durch Vorspiegelung falscher Tatsachen und setzt aktives Handeln voraus – zu dem wohl weder Rad noch Zaun in der Lage sind. Richtiger wäre die Übersetzung „optische Täuschung“, die ihrem Wesen nach eine Illusion bzw. eine veränderte Wahrnehmung beschreibt. Roget bemerkt eine Formveränderung an Wagenrädern, die man durch einen Zaun betrachtet [15]:

> Eine sonderbare optische Täuschung findet statt, wenn ein auf dem Boden fortrollendes Wagenrad durch die Zwischenräume einer Reihe vertikalstehender Stäbe, wie die eines Staketes

> oder eines venetianischen Fensterschirms, betrachtet wird. Die Speichen des Rades nämlich, statt gerade zu erscheinen, wie sie es wirklich sind, haben unter diesen Umständen scheinbar einen merklichen Grad von Krümmung.

Sowohl Plateau als auch Stampfer verwenden vertikale Schlitze als Öffnungen ihrer Stroboskope. In den folgenden Jahren erfährt die stroboskopische Darstellung von bewegten Bildern einen Aufschwung, wobei es dabei zu einer erstaunlichen Kreativität in der Namensgebung kommt: Es finden sich Bezeichnungen wie Phoroskop, Periphanoskop,„Le Spectacle Magique“ (Siebenmann), Phorolyt oder Kineziskop, (Purkinje), Zoopraxiskop (Muybridge), Pantinoskop, Phänakistikop, Phantasmaskop, Cycloidotrop, Zoetrop, Lebensrad oder einfach Wunderrad. Grundsätzlich handelt es sich aber im Allgemeinen um Geräte, die in kurzer Zeitfolge bestimmte Bilder projizieren oder darstellen – und damit um Stroboskope.

Immer wieder wurden auf dieser Basis auch stereoskopische Bildbetrachter entwickelt, z. B. das Stereophoroskop von Czermak [16]. Wie auch beim „Stereo Fantaskop“ von Duboscq wird beim Czermak-Stereophoroskop ein Stroboskop mit einem Stereoskop brewsterscher Bauart verbunden. Diese Arten von Bewegtbildbetrachtern können als stereoskopische Stroboskope bezeichnet werden.

Erwähnenswert ist in diesem Zusammenhang Needhams Vermutung, ein Stroboskop (Zoetrop) wäre bereits im Jahr 180 durch das chinesische Universalgenie Ting Huan verwendet worden. Als Beweis führt er eine Beschreibung aus dem „Hsi Ching Tsa Chi“ (Vermischte Aufzeichnungen über die westliche Hauptstadt) an [17]:

> There was a jade tube 2 ft. 3 inches long, with 26 holes in it. If air was blown through it, one saw chariots, horses, mountains and forests appear in front of a screen, one after another, with a rumbling noise. When the blast stopped, all disappeared. This was called *chao hua chih kuan* (the pipe which makes fantasies appear).

Geht man allerdings davon aus, dass das „Hsi Ching Tsa Chi“ eine Sammlung älterer Schriften aus der Zeit der Han-Dynastie war, die erst im 6. Jahrhundert n. Chr. zusammengestellt wurde [18], so muss der Wahrheitsgehalt dieser Überlieferung zumindest infrage gestellt werden. Die Funktionsweise des chinesischen Stroboskops kann jedenfalls nur vermutet werden.

Eine grundsätzliche Beschreibung der Wahrnehmung von Bewegung in Stroboskopen liefert Wertheimer [19] 1912. Die von ihm als „Phi-Phänomen“ bezeichnete Scheinbewegung ist noch heute ein Teil der Gestalttheorie und der Wahrnehmungsforschung.

> Der psychische Sachverhalt sei … mit $a\varphi b$ bezeichnet; … φ bezeichnet, was außer den Wahrnehmungen von a und b da ist, was zwischen a und b, in den Zwischenraum zwischen a und b vor sich geht; was zu a und b hinzukommt.

4.1.4 Stereoskopische Brillen

3D-Brillen sind wohl die bekanntesten Hilfsmittel der Raumbildtechnik. Da viele Arten von 3D-Brillen einfach und preiswert herzustellen sind, sind sie sehr verbreitet.

Betrachtet man ein Stereoskop als eine Kombination eines Stereobildpaares (Bildschirm) und eines optischen Elementes zur Zuordnung der Einzelbilder des Bildpaares zu den zugeordneten Augen (Separator), so ist jede stereoskopische Brille in Verbindung mit einem Bildschirm als Stereoskop anzusehen. Vorteilhaft gegenüber einem Stereoskop ist bei einer stereoskopischen Brille die Möglichkeit, die Distanz und Lage zum Stereobildpaar zu variieren, was die Brille zu einem idealen Kandidaten für das 3D-Kino macht.

4.1.4.1 Farbtrennung (Anaglyph)

Rollmann findet 1853 – fast zeitgleich mit Brewster-Stereoskop – eine einfache Möglichkeit, die Verbindung von Bilddarstellung und Kanaltrennung in einem Gerät zu auflösen. In einer „Notiz zur Stereoskopie" beschreibt Rollmann die Fusion eines stereoskopischen Bildes mit bloßem Auge, wobei ihm dabei zunächst auffällt, dass bei Überlagerung zweier verschiedenfarbiger Bilder ein farbloses Fusionsbild entsteht [20]:

> Ein rothes und grünes Bild gaben mir nach kurzem Anblicke ein so entschiedenes Grau, wie ich es bei anderem Verfahren nicht gesehen.

Das führt ihn unmittelbar zum „Farbenstereoskop". Dabei verwendet er 2 verschiedenfarbige Gläser (rot und blau), mit der er eine Zeichnung betrachtet, in der die Ansicht für das blaue Glas in Gelb eingefärbt war, für das rote dagegen in blau [21]. Dadurch ist eine bestimmte Ansicht (links oder rechts) immer einer Filterfarbe des Vorsatzes für das entsprechende Auge zugeordnet.

Da das eigentliche Bild nicht überliefert ist, ist hier nur eine Interpretation in „gelbblau" beigefügt, die den Schriftzug „3D" in der damals gebräuchlichen deutschen Kurrentschrift darstellt. Bei Betrachtung mit einer Rot-Blau-Brille ergibt sich der 3D-Effekt (Abb. 4.6).

Abb. 4.6 Farbstereogramm nach Rollmann

Die Bezeichnung Anaglyph benutzt Rollmann noch nicht, sondern erst du Hauron einige Jahre später in seinen Präsentationen (dokumentiert ab 1874 [22, 167]), der durch seine praktischen Arbeiten bei der Entwicklung der Farbfotografie auch die Farbstereoskopie nutzen kann. In seiner Patentschrift [23] bezieht er sich allerdings nicht auf Rollmann, sondern auf seinen Landsmann d'Almeida, der seine Erkenntnisse erst einige Jahre (1858) nach Rollmann veröffentlicht hatte [24]. Rollmann erhält Kenntnis von d'Almeidas Neuerung und schreibt einen Beschwerdebrief, der im gleichen Jahr veröffentlicht wird [25]. Wahrscheinlich hatte spätestens dadurch auch du Hauron Kenntnis von Rollmanns Veröffentlichung, benennt ihn aber nicht. In seinem Beitrag von 1874 erwähnt auch Guerronnan [26] Rollmann nicht, sondern würdigt nur die Leistung d'Almeidas. Dennoch ist die Zeitschrift bemerkenswert, enthält sie doch ein frühes gedrucktes Anaglyphenbild (Abb. 4.7).

Hintergrundinformationen
Grundsätzlich kann der Einfluss der aktuellen Ereignisse nicht negiert werden. Der Deutsch-Französische Krieg (1870/71) hatte Frankreich große Reparationszahlungen auferlegt, in Deutschland hatte sich der Begriff des „Erbfeindes" etabliert. Es darf angenommen werden, dass durch den auf beiden Seiten verfestigten Nationalismus Würdigungen des jeweiligen Gegners unüblich waren.

Anaglyphen sind nach wie vor gebräuchlich. Selbst für aktuelle 3D-Software wird ein „anaglyph mode" angeboten [28], und selbst von den neuesten Weltraummissionen werden Farbstereogramme veröffentlicht [29]. Die ursprüngliche und bis heute am weitesten verbreitete Form der Anaglyphen sind die Farbfilter. Diese begegnen uns in verschiedenen Farben, die jeweils von der Anwendung abhängen. Alle Farbfilter haben den Nachteil einer Farbverfälschung des Seheindrucks und/oder der Helligkeit des linken oder rechten

Abb. 4.7 Anaglyph, Heliogravüre. (Nadar (1894) in [26])

Kanals. Es entsteht zwar ein 3D-Eindruck, dieser ist aber immer zuungunsten der Bildqualität und Farbtreue vermindert.

4.1.4.2 Interferenzfilter

Die Problematik der Farbverfälschung bei Anaglyphen konnte erst Jorke [30] 1998 lösen, indem er anstelle zweier vollflächiger Farbfilter, 2 Multibandfilter verwendet. Um eine selektive Farbfilterung zu erreichen, werden für eine Interferenzbrille 2 Gläser mit Bandfiltern (Interferenzfilter) hergestellt, bei denen die RGB (Rot, Grün, Blau)-Durchlässigkeit im Spektrum leicht zueinander verschoben ist. In der Summe der 3 Farbwerte wird aber wieder ein vollfarbiges Bild wahrgenommen. Die gleichen Filter finden sich vor den Projektoren, die nun die versetzten Spektren auf eine Kinoleinwand projizieren.

Das Verfahren (Wellenlängenmultiplex-Visualisierung) wird von der Firma Infitec [31] weiterentwickelt und auch unter dem Namen Dolby3D [32] in 3D-Kinos verwendet.

Prinzipiell wäre das Verfahren auch für Bildschirme denkbar, wenn die bisherigen Farbfilter durch Interferenzfilter ersetzt würden. Eine solche Umsetzung ist jedoch bislang noch nicht bekannt geworden.

4.1.4.3 Prismatische Bildbetrachter

Ein einfacherer Weg, die Probleme der Anaglyphentechnik zu umgehen, ist die Verwendung prismatischer Brillen.

4.1.4.3.1 Side-by-Side

Es handelt sich hierbei eigentlich um eine prismatische Lesebrille, wobei die prismatische Wirkung auf eine bestimmte Entfernung angepasst ist. Die Bilder werden in definierter Größe und in Abstand zueinander dargestellt. Im richtigen Abstand stellt sich der 3D-Effekt ein.

Technisch gesehen, handelt es sich bei einem Side-by-Side-Stereobetrachter um ein Brewster-Stereoskop ohne Gestell (Abschn. 4.1.2).

4.1.4.3.2 Top-down

Dreht man die Prismen jeweils um 90°, lassen sich auch übereinander liegende Stereobilder betrachten. Diese Brillen wurden von Koschnitzke, Mehnert und Quick [33] 1983 als Weltneuheit vorgestellt, und das zugehörige Stereoskop wurde als KMQ-Sichtgerät bezeichnet. Allerdings wurde eine solche Top-down-Anordnung der Bilder schon 1947 von Bernier [34] beschrieben und 1970 durch ihn um den Einsatz von Prismen verbessert [35]. Diese Technik wurde von Lipton [36] 1982 auch „over and under“ oder „stacked form“ genannt, was nach Betrachtung der Anordnung als glatt beschreibend gelten muss. Es ist letztlich eine Umkehr des Lichtweges (von der Aufnahme zur Wiedergabe), die aus einer Over-and-under-Kamera ein KMQ-Sichtgerät macht.

4.1.4.3.3 Chromatische Dispersion

Newton [37] entdeckte im 17. Jahrhundert die Farbzerlegung des Lichtes durch ein Prisma. Diesen als Dispersion bekannten Effekt nutzt Brewster [38] 1848 in einem chromatischen Stereoskop. Dabei verwendet er prismatische Linsen (Halblinsen) oder Prismen als Okulare, die er so einsetzt, dass die Dispersion nur horizontal wirkt. Da die Prismen in der Brille um 180° zueinander verdreht sind, wirkt die Ablenkung spiegelbildlich: Dadurch wird ein einfarbiger Punkt auf korrespondierende Netzhautstellen abgebildet. Je größer die Ablenkung, desto größer ist der wahrgenommene Unterschied in der Entfernung. An den Grenzen des sichtbaren Spektrums des Lichtes wird der kurzwellige, energiereiche Anteil als Blau/Violett wahrgenommen, der langwellige, energieärmere als Rot. Da langwelliges Licht weniger gebrochen wird als kurzwelliges, wird das blaue Licht stärker abgelenkt als das rote. So ist auch die Disparation der blauen Anteile stärker als die der roten. Eine Grafik kann also auf die Prismenbrille angepasst werden, sodass rote Objekte in der Nähe erscheinen, blaue Objekte in der Ferne. Brewster beschreibt das so:

> The images of different colours being ... separated ..., and the red images takes its place nearer to the observer than the blue one ...

Brewster erkennt den Sachverhalt vollständig: Er erläutert, dass der Tiefeneindruck sich umkehrt, wenn konkave Linsen verwendet werden bzw. die Prismen um 180° verdreht werden. Zur Steigerung des Effektes schlägt er hochbrechende Materialien vor und rät zur Vermeidung zusammengesetzter Farben.

Im Jahr 1984 nutzt Steenblik ebenfalls diesen Effekt, schlägt aber ein verbessertes Okular vor, das anstelle monolithischer Prismen auch eine Mikroprismenfolie (etwa eine Fresnel-Prismenfolie) verwendet. Dadurch wird der Aufbau vereinfacht und kann so in einer 3D-Brille untergebracht werden [39].

Die chromatische Dispersion hat den entscheidenden Vorteil, dass kein Stereobildpaar benötigt wird, sondern ein einzelnes farbkodiertes Bild als 3D-Bildquelle genügt. Ein chromatisch kodiertes 2D-Bild weist daher keine Farbüberlagerungen oder Doppelbilder auf, wie es bei gedruckten Anaglyphen der Fall ist. Nachteilig ist aber die Farbkodierung selbst: Da ein bestimmter Farbwert auch immer einer wahrgenommenen Entfernung zugeordnet ist, können Realaufnahmen für diese Kodierung kaum genutzt werden.

Unvorteilhaft wirkt sich auch die Zusammensetzung der Farben aus. Am Bildschirm sind alle Farbwerte aus den RGB-Grundfarben zusammengesetzt, beim Druck aus CMYK (Cyan, Magenta, Yellow, Black). Wenn eine Farbe, die einer bestimmten Entfernung zugeordnet ist, aus einer der Grundfarben besteht, wird sie dennoch aus diesen zusammengesetzt. Das Bild eines mischfarbigen Punktes wird nicht mehr als einzelner Punkt auf der Netzhaut abgebildet, sondern als eine Anzahl horizontaler Linien, deren Anzahl identisch der Zahl der Grundfarben ist. Die Länge einer jeden Linie ist wiederum abhängig von der Breite des Wellenlängenbereiches einer Grundfarbe. In der Wahrnehmung verlängert sich dann solch ein mischfarbiger Punkt in der Tiefe.

Das Verfahren wurde von der Firma Chromatek [40] kommerziell genutzt, die mittlerweise zum 3D-Brillen-Produzenten American Paper Optics [41] gehört.

4.1.4.4 Polarisation

Bartholini experimentierte im 17. Jahrhundert mit einem isländischen Kristall. Das in Deutschland früher auch als Doppelstein oder Doppelspat(h) [42] bekannte und heute Calcit oder Kalzit genannte Mineral verfügt in kristalliner Gestalt über spezielle optische Eigenschaften. Bartholini [43] entdeckt bei seinen Experimenten die Eigenschaft der Doppelbrechung. Huygens [44] befasst sich bereits einige Jahre später mit Bartholinis Entdeckung in seiner Schrift „Traité de la lumière" in dem Abschnitt „De l'estrange refraction du Cristal d'islande" und kann die Aufteilung in ordentlichen und außerordentlichen Anteil mit der Wellennatur des Lichtes erklären. Die Polarisation durch Reflexion beobachtet erst Malus und beschreibt diese in einem Aufsatz 1809 („Sur une propriété de la lumière réfléchie" [45]), in dem er den Begriff der Polarisation allerdings noch nicht verwendet. Die Bezeichnung findet sich 1 Jahr später in einem ausführlichen Werk „Théorie de la double réfraction de la lumière" [46] bei der Beschreibung Doppelbrechung.

> La force qui polarise la lumière est en quelque sorte indépendante de celle qui produit la réfraction extraordinaire …

Der Begriff wird von Malus mehrfach gebraucht und hat sich in der Folge als Begriff zur Beschreibung der Schwingungsrichtung elektromagnetischer Wellen etabliert. Das Gesetz von Malus beschreibt die Lichtintensität (I) des polarisierten Lichtes (I_0) nach Durchgang durch einen als Analysator wirkenden Polarisator in Abhängigkeit des Verdrehungswinkels (α).

$$I = I_0 \cos^2 \alpha \tag{4.1}$$

Diese Beobachtung ist die Basis für die spätere Entwicklung von Polarisationsbrillen.

Es ist Brewster, der 1815 die Malus-Behauptung der Unabhängigkeit von Brechkraft des Mediums und Polarisation anzweifelt und experimentell widerlegt [168]. Seine These ist heute als Brewster-Gesetz bekannt und beschreibt den Winkel, bei dem das reflektierte Licht beim Auftreffen an einer reflektierenden Oberfläche vollständig polarisiert wird,

$$\varepsilon_1 = \arctan\left(\frac{n_2}{n_1}\right) \tag{4.2}$$

wobei ε_1 der Winkel des Einfallstrahles ist, n_2 das dichtere Medium (z. B. Glas) und n_1 das umgebende Medium (z. B. Luft).

Trifft der Lichtstrahl dagegen von innen auf die optische Grenzfläche, kann Totalreflexion auftreten. Als Totalreflexion gilt, wenn der Lichtstrahl um 90° beim Austritt aus dem dichteren optischen Medium gebrochen wird. Nach dem Brechungsgesetz von Snellius ist das Verhältnis der Brechzahlen dem Verhältnis des Sinus der Winkel beim Durchtritt durch eine optisch wirksame Fläche umgekehrt proportional:

$$\frac{n_1}{n_2} = \frac{\sin(\varepsilon_2)}{\sin(\varepsilon_1)}. \tag{4.3}$$

In einem einfachen Fall ist das umgebende Medium n_2 Luft, was näherungsweise mit 1 ersetzt werden kann. Der zugehörige Winkel ε_2 muss im Grenzfall der Totalreflexion genau 90° sein, wodurch sich $\sin(90°) = 1$ ergibt. Der Winkel, in dem der Lichtstrahl auf das Innere eines optischen Mediums treffen muss, ist also:

$$\frac{1}{n_1} = \frac{\sin(\varepsilon_1)}{1} \rightarrow \varepsilon_1 = \arcsin\left(\frac{1}{n_1}\right). \tag{4.4}$$

Hintergrundinformationen

Noch heute ist umstritten, wer das Brechungsgesetz zuerst entdeckt hat (Harriot, Snellius oder Descartes), unumstritten ist jedoch, dass Descartes 1637 („Discours de la méthode“) eine umfangreiche Beschreibung gegeben hat, die eine geometrische Herleitung in der heutigen Form erlaubt [47].

Der Engländer Harriot hatte sich nach heutiger Kenntnis [48] schon früher mit dem Thema befasst, da er aber nichts veröffentlichte, wurden seine Skizzen auch nicht bekannt.

Von Snellius ist zu diesem Thema keine eigene Arbeit erhalten. Huygens [49], der sich bereits in seinem Aufsatz „Problematum quorundam illustrium“ mit Snellius' Arbeiten zur Geometrie beschäftigte, hatte aber offensichtlich Kenntnis von Snellius' Arbeiten. Er veröffentlichte einige Jahre später eine Beschreibung des Brechungsgesetzes nach Snellius [50].

Interessant ist in diesem Zusammenhang die von Rashed vorgebrachte Ansicht, der persische Gelehrte Ibn Sahl hätte bereits im 1. Jahrtausend Kenntnis vom Brechungsgesetz gehabt (von Zghal et al. [51] auf das Jahr 984 festgelegt), wofür er als Nachweis Fragmente einer späteren Übersetzung durch Ibn al-Haytham (Alhazen) beibringt [52].

Die ersten Versuche, die Polarisation in der Stereoskopie zu nutzen, beginnen Ende des 19. Jahrhunderts. Anderton [53] schlägt vor, gleichgerichtete Polarisatoren sowohl in den Projektoren als auch in den Betrachtern zu verwenden. Dabei kann sowohl Polarisation durch Doppelbrechung (z. B. durch Nicol-Prismen oder Turmalin) oder Reflexion (z. B. an einzelnen oder mehreren planparallelen Platten) erzielt werden. Die Polarisatoren in der Brille dienen als Analysatoren und sind zueinander um 90° verdreht. Nach dem Gesetz von Malus (Gl. 4.1) sind die transmittierten Intensitäten über den Kosinus miteinander verknüpft. Dadurch kann bei einer rechtwinkligen Drehung am verdrehten Analysator kein Licht mehr passieren, da der Kosinus von 90° gleich 0 ist. Trotz der korrekten Anwendung der Polarisation hat das Anderton-Verfahren keine weite Verbreitung gefunden; öffentliche Aufführungen sind nicht überliefert.

Eine mögliche Begründung ist die – im Vergleich zur Anaglyphenbrille – aufwendige Herstellung dieser Polarisationsbrille. Zwar benötigt man für die Projektion pro Kinosaal mit einem Projektor nur ein einziges Paar an Polarisatoren, dafür muss jeder einzelne Besucher eine Analysatorbrille tragen.

Der Mediziner Herapath [54] beschäftigt sich 1852 mit smaragdgrünen Kristallen, die sein Schüler Phelps zufällig beim Experimentieren mit einer Chininlösung entdeckt hatte.

Indem Herapath eine Jodtinktur in eine Lösung aus Chininsulfat und verdünnter Schwefelsäure tropft, kann er das Phelps-Experiment reproduzieren und die Kristalle bewusst erzeugen. Bei der Prüfung der Transmissionseigenschaften stellt er fest, dass bei gekreuzten Kristallen kein Licht mehr passieren kann, auch wenn diese sehr dünn sind. Herapath beschreibt das selbst [54]:

> ... but if the two chrystals crossing at right angles ..., the spot where the intersect appears as black as midnight, even the crystals are not 1/500 dth of an inch.

Er studiert die polarisierenden Eigenschaften der Kristalle und schlägt diese aufgrund der 5-fachen Lichtausbeute als Alternative zum verwendeten Turmalin vor, der bisher ebenfalls in dünnen Plättchen genutzt wird.

Hintergrundinformationen
Herapath nennt Phelps Namen nicht, sondern bezeichnet ihn als seinen Schüler. Bei einer späteren Beschreibung (1854) der Polarisation in einem Werk zur Mikroskopie „The Microscope" [55] benennt der Autor Hogg nicht nur Herapath, sondern auch Phelps.

Herapath nutzt das neue Material in der Folge zum Nachweis kleinster Mengen von Chinin in humanen und animalischen Ausscheidungen [56], später optimiert er die Herstellung und kann auch größere Kristalle herstellen [57]. Er benutzt die Bezeichnung „artificial tourmalines" und lehnt die von Haidinger [58] vorgeschlagene Bezeichnung Herapathit als unpassend ab. Dennoch hat sich der Name Herapathit durchgesetzt und bis heute erhalten.

Die von Herapath beschriebene Produktionsweise beinhaltet neben der reinen Kristallzucht auch mechanische Arbeitsschritte: Schleifen, Polieren und endlich das luftdichte Verkleben des Kristalls zwischen 2 Glasplatten. Das ist zwar aufwendig, aber immer noch deutlich günstiger als die Verwendung von Turmalin.

Der Berliner Mineraloge Bernauer [59] findet 1929 eine Möglichkeit, auf diese Arbeitsschritte zu verzichten, indem er eine Kristallsubstanz zwischen 2 Glasplatten kristallisieren lässt. Dieses Verfahren lässt sich praktisch auch für größere Polarisationsfilter umsetzen. Auf Basis des Verfahrens hat die Firma Carl Zeiss aus Jena Polarisatoren hergestellt, die aus Herapathit-Einkristallen bestehen, die zwischen 2 Glasplatten verkittet sind [60]. Diese Polarisatoren wurden zunächst unter dem Namen „Herotar", später aber als „Bernotar" auf den Markt gebracht. Der Namenswechsel mag damit zusammenhängen, dass die Bezeichnung sich dem Erfinder zuordnen lässt und ein englischer Namensgeber in den 40er-Jahren des 20. Jahrhunderts in Deutschland nicht opportun war. Deutet der Name „Herotar" noch auf den englischen Forscher Herapath (oder auf das nach ihm benannte Herapathit) hin, so ist der Name „Bernotar" sicherlich auf den deutschen Forscher Bernauer zurückzuführen.

Etwa gleichzeitig mit Bernauer begannen Land und Friedmann [61] mit ihren Entwicklungen großformatiger Polarisatoren. Dabei wird eine Substanz, die nur kleine Herapathit-

Kristalle enthält (Land gibt die Breite der Herapathit-Nadeln mit 600 „micro-microns“[1] an bei einer Länge von 1–2 μm) in ein Kolloid eingebracht. Die Kristallisation der Nadeln kann in dem Kolloid selbst stattfinden, die Ausrichtung der Kristalle erfolgt durch eine mechanische Krafteinwirkung (Streckung), durch Anlegen eines elektrischen Feldes oder durch Extrudieren. Zur Vermarktung der Polarisatoren gründete Land gemeinsam mit Wheelwright die Firma Polaroid.

Bei den Filtern von Zeiss und Polaroid handelt es sich um lineare Polarisatoren. Diese werden um 90° zueinander verdreht und vor 2 verschiedene Projektionsoptiken gesetzt. Die Projektion muss auf eine Projektionsfläche erfolgen, die den Polarisationszustand erhält. Da normale (dielektrische) Kinoleinwände die Polarisation nicht erhalten, müssen spezielle Projektionswände verwendet werden, die in der Regel metallisch beschichtet oder zumindest elektrisch leitfähig sind [62]. Dadurch wird der Polarisationszustand erhalten.

Die Analysatoren werden vor den Augen getragen und sind identisch zu den Polarisatoren verdreht. So kann das Auge ein Bild nur dann sehen, wenn der Analysator in gleicher Richtung angeordnet ist wie der zugehörige Polarisator. Dieses Verfahren kommt z. B. im IMAX-3D zum Einsatz.

Wird der Kopf aber aus der idealen vertikalen Position zur Seite geneigt, ist die Ausrichtung der Analysatoren nicht mehr identisch zu den Polarisatoren, wodurch Polarisator und Analysator nicht mehr gleichgerichtet, sondern zueinander verdreht sind. Nach dem Gesetz von Malus (Gl. 4.1) können nun auch Anteile des für das andere Auge bestimmten Bildes den Analysator durchdringen, was zu einer Bildverschlechterung führt.

Um dieses zu vermeiden, werden auch zirkulare Polarisatoren (und Analysatoren) benutzt, die robust gegen Verdrehungen sind. Diese können z. B. durch eine Kombination aus linearem Polfilter und einer Verzögerungsplatte ($\lambda/4$-Platte) realisiert werden. Dieses Verfahren wird u. a. in den 3D-Kinos, die mit RealD-Technik (Projektoren und Brillen) ausgestattet sind, und bei einigen aktuellen 3D-Fernsehern verwendet. Um mit einem einzelnen Projektor projizieren zu können, hat RealD zusätzlich einen elektrooptischen Switch als Polarisationsmodulator eingeführt (Z-Screen), der auf eine Idee von Lipton aus den 1980er-Jahren zurückgeht und auch heute im 3D-Kino zum Einsatz kommt. Schon zu Beginn der Entwicklung der Liquid-Chrystal-Displays (LCDs) hat Lipton die Tauglichkeit der Technologie erkannt und eine Anwendung mit einem elektrisch ansteuerbaren Polarisator vorgeschlagen [63]. Das grundlegende Prinzip ist dabei recht einfach. Bereits in einem herkömmlichen LCD wird das Eingangslicht polarisiert, durch das LC je nach angelegter Spannung in seinem Polarisationswinkel gedreht und durch den Analysator entweder blockiert oder (anteilig) hindurchgelassen. Dabei ist der Grad der Durchlässigkeit natürlich wieder nach dem Satz von Malus bestimmbar. Das Hinzufügen eines Retarders (Verzögerungsplatte) macht aus dem linear polarisierten Licht zirkular polarisiertes. Hinter dem optischen Plattenstapel ist entweder ein Projektor oder ein Bildschirm platziert, der entsprechend dem Polarisationsgrad entweder das linke oder das rechte Bild projiziert.

[1] 10^{-12} m = 1 Pikometer.

Damit handelt es sich nicht mehr wie bisher um eine örtliche Trennung der Einzelbilder, sondern um eine zeitliche Trennung. Die Bilder werden nacheinander angezeigt und müssen mit hoher Frequenz dargestellt werden, um die Wahrnehmung eines Flimmerns zu verhindern.

Hintergrundinformationen
Der Autor entwickelte etwa 2005 einen Streifenpolarisator, der auf einer speziellen LC-Scheibe basierte. In dieser Scheibe waren zeilenweise elektrisch leitende Schichten aufgebracht, sodass die Drehung des Polarisationswinkels abhängig von der angelegten Spannung zeilenweise erfolgen konnte. Wurde der Streifenpolarisator vor ein LCD gesetzt, wurde der Polarisationswinkel zeilenweise alternierend (jedoch gleichzeitig) um unterschiedliche Gradzahlen (je nach LC-Zeile) gedreht. Der Drehwinkel war so definiert, dass die resultierenden 3D-Bilder mit einer bestimmten Polarisationsbrille Analysatordrehung (z. B. 45° links, 135° rechts) analysiert werden konnten. Diese Scheibe wurde einige Jahre in Prüfgeräten für das Stereosehen verwendet (z. B. Polatest von Zeiss, EasyVis von Okulus). Durch die örtliche Trennung der Einzelbilder trat bei der Betrachtung der Bilder kein Flimmern auf.

4.1.4.5 Shutter

Noch vor der Nutzung der Polarisationstechnik für die räumliche Darstellung wurde die Shuttertechnik zur 3D-Projektion verwendet. Die Idee ist naheliegend: Ein rotierender Verschlussmechanismus wird so in eine Brille integriert, dass je nach Stellung des Verschlusses jeweils ein Auge bedeckt ist, das andere aber ungehindert durchblicken kann. Diese Art von Shuttern fand bereits in den damaligen Filmkameras Verwendung. Die Rotation wird mit dem Projektor synchronisiert, der stereoskopische Bilder nacheinander abspielt. Damit kann das jeweilige Auge nur das zugeordnete Bild sehen.

Hammond lässt sich 1921 die Erfindung patentieren [64]. Die Technik wurde 1922 unter dem Namen „Teleview" auf den Markt gebracht und kam zur öffentlichen Aufführung. Dazu wurden im New Yorker Selwyn-Theater an jedem Kinositz die entsprechenden Bildbetrachter installiert, und es wurde ein stereoskopischer Film vorgeführt [65]. Die Teleview-Technik hatte zunächst keinen großen Erfolg, erst mit dem Beginn der LCD-Technik wurde die Idee wieder aktuell. Bereits in den 70er-Jahren des 20. Jahrhunderts wurden elektrooptische Shutter auf LC-Basis gebaut, die in den frühen 1980er-Jahren zunächst nur für professionelle Anwendungen zur Verfügung standen (z. B. von Megatek, StereoGraphics). Spätestens seit den 1990er-Jahren konnten 3D-Shutterbrillen in Verbindung mit leistungsfähigen Computern und Grafikkarten breit genutzt werden (z. B. Elsa, NVidia). Mit der Entwicklung von 3D-Fernsehern, die über eine hohe Bildwiederholrate verfügen, hielten die Shutterbrillen endlich auch im Wohnzimmer Einzug (z. B. Samsung, Toshiba).

4.1.4.6 Zeitparallaxe

Bei der Vermessung von Sternenbewegungen mit dem Zeiss-Stereo-Komperator bemerkte der Astronom Wolf [66] einen interessanten Stereoeffekt, der durch Bewegung des Fotoplattenpaares entstand. Der Physiker Pulfrich prüfte diese Aussage nach und erhielt die

Bestätigung des Effektes auch von anderen Mitarbeitern, die mit dem Orel-Zeiss-Stereoautographen gearbeitet hatten (unter anderem auch durch v. Orel selbst). Seine Ergebnisse veröffentlicht er in einem Aufsatz über die Stereoskopie [67]. In diesem Aufsatz erwähnt Pulfrich, dass er als Einäugiger den Effekt nicht sehen kann. Die Zeissianer Franke und Fertsch berichten, die Stärke sei von den unterschiedlichen Helligkeiten beider Platten abhängig. Pulfrich stellt den Effekt nach, indem er ein Auge eines Betrachters mit einem Rauchglas abdeckt, der dabei auf 2 Projektionsmarken schaut, von denen sich eine bewegt. In der binokularen Beobachtung scheint die sich bewegende Marke entweder vor oder hinter der stehenden Marke zu liegen.

Pulfrich erkennt, dass bei Abdunkelung eines Auges dieses Auge langsamer reagiert als das offene. Der Zeitabstand hängt vom Grad der Verdunkelung ab und wird von Pulfrich folgendermaßen angegeben.

> Wie bei allen Nervenreizungen vergeht auch hier zwischen ... dem Lichtreiz und ... seiner Empfindung eine gewisse Zeit. Es ist also ganz natürlich, dass wir einen bewegten Gegenstand niemals an seiner wahren Stelle sehen, sondern dort, wo er um die Zeitdifferenz zwischen Erregung und Empfindung vorher gewesen ist ...

Das Pulfrich-Pendel nutzt den Effekt der Zeitparallaxe zur Translation einer ebenen Schwingung in eine wahrgenommene Bewegung auf einer Kreisbahn. Das Pulfrich-Pendel ermöglicht eine einfache und eingängige Präsentation des Pulfrich-Effektes durch Abdunkelung eines Auges.

Die Firma Nuoptixs stellte etwa 1990 ein auf diesem Effekt beruhendes Verfahren für das Fernsehen vor. Um durch den Zeitabstand perspektivische Bilder zu gewinnen, muss dabei eine Fahrt oder Drehung um die Szene vollzogen werden. Das abgedunkelte Auge sieht die Bilder etwas später und somit aus einer etwas anderen Perspektive. Eine bestimmte Relativbewegung erzeugt so eine zugeordnete Disparation der Perspektivbilder, die wiederum als eine bestimmte Tiefe wahrgenommen wird. Das funktioniert ausgezeichnet bei stillstehenden Objekten, Eigenbewegung stört dagegen die 3D-Wahrnehmung, da die wahrgenommene Bewegung nicht mehr von der Tiefenstaffelung der Objekte herrührt.

4.1.5 Bildfrequenz temporaler Stereoskope

Ist das Stereobildpaar nicht räumlich (spatial), sondern zeitlich (temporal) getrennt, so müssen die Einzelbilder in einem kurzen zeitlichen Abstand hintereinander präsentiert werden, um die Illusion einer Bewegung oder eines stehenden Bildes zu erzeugen. Die Bildwiederholfrequenz muss dabei so hoch sein, dass kein Flimmern mehr wahrgenommen wird.

Bewegtbilder werden mit einer bestimmten Bildfrequenz (Bilder pro Sekunde, „frames per second"), üblicherweise mit „fps" abgekürzt, aufgenommen und im 2D-Modus oder mit einem Projektor in der Regel auch so wiedergegeben. Die Bildfrequenz muss mindestens so hoch gewählt werden, dass die Bilder beim Abspielen in einer aufeinanderfolgenden Sequenz nicht mehr als Einzelbilder wahrgenommen werden können. Bei einer Analyse über den „Zeitsinn des Ohres“ ermittelt Mach [68] eine Zeitspanne von 30–40 ms, in der 2 Signale nicht mehr unterscheidbar sind. In der gleichen Schrift gibt er „die kleinste wahrnehmbare Zeit“ mit 47 ms als „für das Auge verschwindend“ an. Die von Mach ermittelte Schwelle für die Erzeugung einer kontinuierlichen Bewegungsillusion wäre demnach $1/(47 \cdot 10^{-3}\,\mathrm{s}) = 21\,\mathrm{Hz}$ (Bilder pro Sekunde). Die als Fusionsschwelle bezeichnete Zeit (in der unterschiedliche Reize als ein einzelner wahrgenommen werden) wird auch von Wittmann und Pöppel [69] auf 30 ms festgelegt. Pöppel [70] gibt später für die visuelle Reizübertragung eine Untergrenze von 20 ms an. Insgesamt variieren die Angaben nur in einem kleinen Bereich zwischen 20 ms (50 Hz) und etwa 50 ms (20 Hz).

Edison schlägt mit der Erfindung des Kinetoskops 1888 gar eine Frequenz von 25 Hz vor, die bis heute Bestand hat [71]:

> It is probable that 25 [Bilder] per second will be sufficient to give the illusion ... with all its life and motion ...

Die üblichen Aufnahmegeschwindigkeiten sind der damaligen Erfahrung und der daraus resultierenden Aufnahmetechnik geschuldet. Der Cinématographe der Gebrüder Lumière nahm 8 Bilder bei einer Kurbelumdrehung auf [72]. Bei den 2 Umdrehungen pro Sekunde erhielt man so 16 Bilder pro Sekunde. Die Abspielgeschwindigkeit wurde 1917 von der Society of Motion Picture Engineers auf 60 Fuß pro Minute (304,8 mm pro Sekunde) festgelegt. Da gleichzeitig festgelegt wurde, dass ein einzelnes Frame eine Größe von 0,748 Inch (19 mm) in der Laufrichtung haben sollte, ergibt sich zu diesem Zeitpunkt eine Empfehlung von 16 fps [73]. In der Praxis wurde diese Frequenz nur während der Aufnahme eingehalten, während der Wiedergabe aber schneller abgespielt, wodurch die Wiedergabe unnatürlich wirkte [74]. Spätere Filme sind in der Regel mit einer größeren Geschwindigkeit aufgezeichnet. So wurde z. B. der Stummfilm „Metropolis“ von Fritz Lang mit mindestens 20 Bildern pro Sekunde aufgenommen [75].

Der Standard für die Abspielgeschwindigkeit wird 1925 auf 80 Fuß pro Minute (406,4 mm/s) festgelegt [74], die Aufnahmegeschwindigkeit kann aber deutlich geringer sein (60 Fuß pro Minute). Aus heutiger Sicht scheint das nur geringen Sinn zu machen, war aber damals bewährte Praxis. Clarke fordert die synchrone Aufnahme und Wiedergabe und schlägt die Aufführung mit 24 Bildern pro Sekunde vor [76].

Mit der Einführung des Tonfilms wurde nicht nur die Synchronisierung von Bild und Ton, sondern auch die von Aufnahme und Wiedergabe obligatorisch. Der Tonfilm war zwar schon in gewissem Umfang bekannt und wurde bereits von kleineren Unternehmen eingesetzt (z. B. DeForest Phonofilm oder Tri-Ergon), wurde aber erst später durch die großen Hollywood-Studios populär (z. B. Warner Vitaphone oder Fox Movietone). Sponable [77] berichtet 1927 von der Movietone-Praxis und der Entscheidung, eine Filmgeschwindigkeit von 90 Fuß pro Sekunde zu verwenden. Diese Geschwindigkeit (24 Bilder pro Sekunde bei einem 35-mm-Film) wurde 1927 zum Standard im Kino erhoben und wird bis heute selbst für aktuelle Produktionen verwendet.

Im analogen Fernsehen wurde seit den 60er-Jahren des 20. Jahrhunderts in Deutschland der PAL (Phase-Alternating-Line)-Standard genutzt, der 50 Halbbilder (bzw. 25 Vollbilder) in der Sekunde überträgt. In Amerika wurde durch das „National Television Systems Committee" der NTSC-Standard eingeführt, der 59,94 Halbbilder (bzw. 29,97 Vollbilder) abspielt.

4.2 Stereoskopische Geometrie

Die Aufnahme und Darstellung stereoskopischer Bilder hat Einfluss auf die Wahrnehmung des 3D-Raumes.

4.2.1 Stereobasis

Von unmittelbarem Einfluss ist der horizontale Abstand der Stereokameras während der Aufnahme (Stereobasis).

► **Wichtig** Eine kleine Stereobasis erzeugt einen geringen 3D-Eindruck beim Betrachter, wogegen eine größere Stereobasis auch einen stärkeren 3D-Eindruck vermittelt.
Bei Abweichung der Stereobasis vom Augenabstand werden die Tiefen nicht mehr als natürlich wahrgenommen, bei zu kleiner Basis als tiefenverkürzt, bei zu großer Basis als tiefengestreckt.

Um eine naturgetreue Abbildung zu erreichen, sollte die Stereobasis idealerweise so gewählt sein, dass die Stereobilder bei der Wiedergabe im Augenabstand des Betrachters dargestellt werden. Hier zeigt sich ein Grundproblem der Stereoskopie: Um eine formtreue Abbildung zu erreichen, müsste jeweils die Größe des Wiedergabesystems sowie des Augenabstands des Betrachters bekannt sein.

► **Definition** Der Begriff der Formtreue wird im Folgenden durch „Orthoskopie" ersetzt. Damit wird eine winkeltreue und formrichtige Abbildung bezeichnet. Die teilweise im Zusammenhang mit 3D-Abbildungen verwendete Bezeichnung „Orthostereoskopie" bezieht sich unmittelbar auf die Stereoskopie, wohingegen die „Orthoskopie" allgemeiner zur Beschreibung von Abbildungen ohne Verzeichnungen verwendet wird.

Zunächst ist die Frage zu klären, wann ein Objekt formtreu wahrgenommen wird. Nehmen wir an, dass das Objekt ein Würfel ist (Abb. 4.8). Der Würfel hat die Kantenlänge l = Breite (b) = Höhe (h) = Tiefe (t).

Beim realen Betrachten im Betrachtungsabstand (a) wird die Breite des Würfels (b) auf der Netzhaut der Augen in der Größe b' abgebildet. Dabei können die Größen b_l (linkes

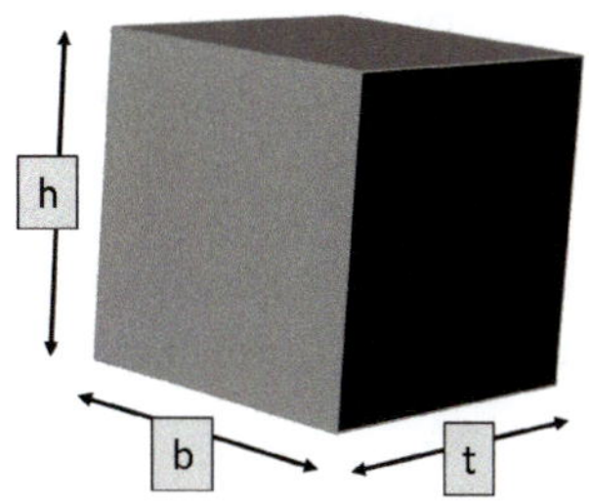

Abb. 4.8 3D-Objekt (Würfel)

Auge) und b_r (rechtes Auge) durch unterschiedliche optische Eigenschaften der Augen durchaus unterschiedlich sein.

Beim Fokussieren auf den Würfel wird die Brennweite so angepasst, dass das Bild des Würfels in der Bildweite (a') auf der Netzhaut abgebildet wird (Akkommodation, Abschn. 3.1.2.1, Abb. 4.9). Die Bildebene des Auges liegt dann genau auf der Netzhaut. Dazu muss der Brennpunkt des Auges vor der Netzhaut liegen. Die notwendige Erhöhung der Brechkraft bedingt eine Verkürzung der Brennweite.

Die Brechkraft des Auges (D) entspricht dem Kehrwert der Brennweite und wird in Dioptrien angegeben.

$$D = \frac{1}{f} = \frac{1}{a} + \frac{1}{a'} \tag{4.5}$$

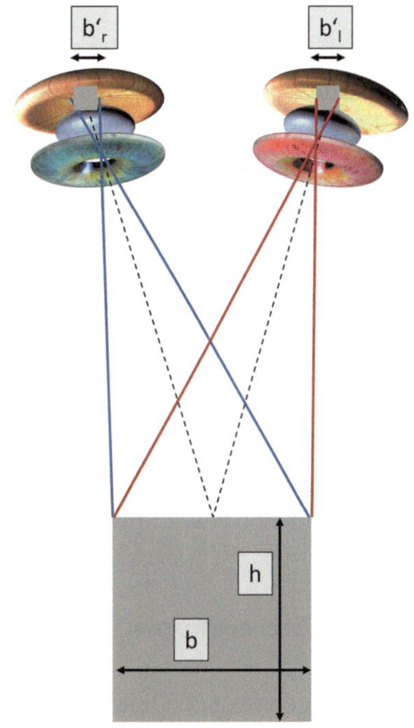

Abb. 4.9 Reale Abbildung im Auge

- Die Brennweite (f) und Bildweite (a') des Auges fallen nur dann zusammen, wenn das Auge akkommodationslos ist (Objekte in großer Entfernung).

Damit ist die Vergrößerung festgelegt, bei der der Würfel in realistischer Größe abgebildet wird. Die Vergrößerung (Abbildungsmaßstab β) ist festgelegt als Verhältnis von Bildweite (a') zu Objektweite (a):

$$\beta = \frac{a'}{a}. \tag{4.6}$$

Da die Bildweite ohne vergrößernde Sehhilfsmittel (z. B. Lupen) immer kleiner sein wird als die Objektweite, muss auch der Abbildungsmaßstab kleiner als 1 sein, womit es sich bei korrekter Betrachtung zweifelsfrei um eine Verkleinerung handelt. Soll bei der Abbildung auf einer Leinwand oder an einem Monitor der gleiche Größen- und Entfernungseindruck erzielt werden, so ist das projizierte Bild in gleicher Breite ($b'' = b$) und gleicher Entfernung ($a'' = a$) darzustellen. Damit wird nicht nur der gleiche Abbildungsmaßstab gewährleistet, sondern auch die gleiche Akkommodationsleistung abgerufen.

Ist das Objekt sehr klein (z. B. in der Makrofotografie) oder sehr groß (z. B. in der Architektur), so wird man bei realer Leinwand- oder Monitorgröße von der 1:1-Darstellung abweichen müssen. In diesem Fall müssen Projektionsbreite und Betrachtungsmaßstab angepasst werden. Nach dem Strahlensatz ergibt sich die gleiche scheinbare Größe aus dem Verhältnis von Größe zu Entfernung.

$$\frac{b}{a} = \frac{b''}{a''} \tag{4.7}$$

Damit ist der Sehwinkel identisch. Nach dem Emmert-Gesetz ist die Wahrnehmung der Größe proportional zum Produkt aus Sehwinkel und Betrachtungsentfernung. Dies ist zweifellos für große Betrachtungsentfernungen richtig, gilt aber bei kurzer Objektentfernung und starker Akkommodation nur eingeschränkt, da der Akkommodationsaufwand zu zusätzlichen Informationen führt und damit mit in die Entfernungsbewertung eingeht.

Bereits bei der Aufnahme ist zu beachten, dass bei späterer Projektion die Querdisparation zwischen den projizierten Einzelbildern (Deviation) des stereoskopischen Bildpaares auch im ungünstigsten Falle nicht größer sein darf als der Augenabstand des Betrachters. Die maximale Deviation eines Stereobildpaares hat den Wert d_D.

$$d_\mathrm{D} = x_\mathrm{r} - x_\mathrm{l}$$

Diese Basis lässt sich nachträglich nur mit großem Aufwand korrigieren und ist daher insbesondere beim 3D-Film bereits bei der Aufnahme festgelegt.

4.2.2 Stereoskopische Tiefe

Die Stereobasis und Objektentfernung führen zu einer unterschiedlichen Position des für das linke und für das rechte Auge bestimmten Anteils des Stereobildes (Deviation).

In Abb. 4.10 ist ein Objekt (Quadrat) so aufgenommen, dass es bei Betrachtung hinter der Bildschirmebene erscheint. Ein zweites Objekt (Kreis) erscheint vor dem Bildschirm.

Die Berechnung der wahrgenommenen Bildtiefe erfolgt anhand der Deviation d_D. Die Berechnung für die Bildtiefe hinter dem Bildschirm a_{D+} wird auch als positive Parallaxe bezeichnet.

$$a_{D+} = \frac{a_O}{\frac{d_A}{d_{D+}} - 1} \tag{4.8}$$

Wenn alle Werte als Beträge ohne Vorzeichen eingegeben werden, ist der Wert von a_{D+} immer positiv. Das bedingt aber, dass die Deviation immer kleiner sein muss als der Augenabstand (Divergenzverbot).

Die Bildtiefe vor dem Bildschirm ist die negative Parallaxe a_{D-}.

$$a_{D-} = \frac{a_O}{\frac{d_A}{d_{D-}} + 1} \tag{4.9}$$

In der Stereoskopie hat sich für die Bezeichnung des wahrgenommenen 3D-Raumes der Begriff „Scheinfenster" durchgesetzt. Haben die Objekte im Rasterbild keine Deviation, so werden diese direkt in der Bildschirmebene wahrgenommen. Schaut man auf Objekte mit positiver Parallaxe, so begrenzt der Bildschirmrahmen die Sicht – es ist, als würde man in ein Fenster hineinschauen. Objekte mit negativer Parallaxe liegen aber

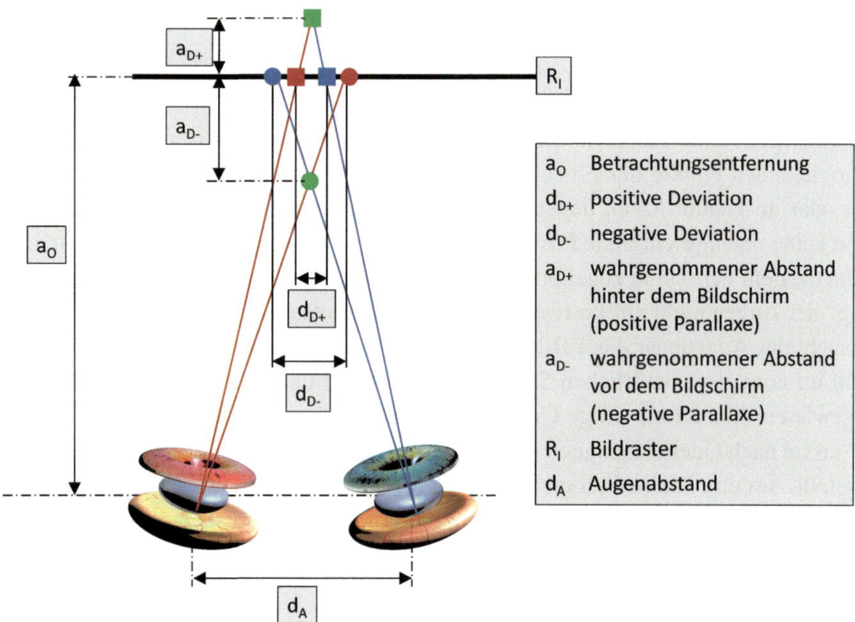

Abb. 4.10 Wahrgenommene Tiefe von 3D-Bildern

vor dem Fenster. Schneiden diese Objekte den Bildschirmrahmen, wird sowohl die „Rahmungsregel" verletzt als auch die Wahrnehmung des Scheinfensters gestört. Die Begründung dafür liegt in der alltäglichen Erfahrung: Ein Objekt, das vor einem Fenster liegt, kann durch den Rahmen des Fensters nicht verdeckt werden.

4.3 Grenzen der Stereoskopie

4.3.1 Stereoskopische Defizite

Der Filmkritiker Ebert zitiert aus einem Brief des Filmeditors Murch, in dem Murch die Nachteile des 3D-Kinos beschreibt und in einem Schlusssatz zusammenfasst [78]:

> So: dark, small, stroby, headache inducing, alienating. And expensive.

Auch wenn Murch nicht als ausgewiesener Freund der 3D-Darstellung gelten kann, so sind seine Beobachtungen doch richtig. Das Betrachten eines stereoskopischen 3D-Filmes ist nicht identisch mit der Wahrnehmung der realen Szene.

Im Gegensatz zum natürlichen 3D-Sehen hat das räumliche Sehen mit 3D-Brille einige Nebeneffekte. Da diese Effekte ausschließlich während der Nutzung von 3D-Brillen auftreten, könnte man das Sehen mit 3D-Brille mit einigem Recht als „unnatürliches" oder doch zumindest irreguläres Sehen bezeichnen. Die Wirkungen irregulären Sehens wurden häufig beschrieben und unter anderem von Lambooij et al. [79] als visuelle Missempfindung benannt.

4.3.1.1 Binokularer Exzess

Ein Raumbild kann nur dann ohne Doppelbilder wahrgenommen werden, wenn die zu fusionierenden Punkte der Einzelbilder des stereoskopischen Bildpaares auf dem Horopter oder im Panum-Raum liegen. Wenn die Disparation der Einzelbilder zu groß wird, kann keine uneingeschränkte Fusion stattfinden. Das ist regelmäßig immer dann der Fall, wenn die dem Fernpunkt zugehörigen Bildpunkte auch bei paralleler „Unendlichkeitsstellung" der Augen nicht auf korrespondierende Netzhautstellen treffen. In der Konsequenz versucht das Augenpaar diese Bildpunkte durch Divergenz doch noch zu vereinigen. Obwohl im normalen, natürlichen Sehen eine Divergenz überflüssig ist, können die Augen in gewissem Maße (um einige Grad) divergieren. Tschermak [80] gibt Werte von bis zu 10° an (je nach Quelle aber auch geringere Werte). Dabei handelt es sich, wie Tschermak feststellt, um eine „künstlich erzwungene Fusionsbewegung". Die künstliche Fusion ist ihrem Wesen nach unnatürlich und erzeugt ungewöhnliche Muskelanstrengungen, die in der Folge zu Sehanstrengung führen.

4.3.1.2 Konflikt Akkommodation-Konvergenz

Während des natürlichen Sehens drehen sich die Augen einwärts auf den Punkt des Interesses, bis sich die optischen Achsen in diesem Punkt kreuzen (Konvergenz). Auf den

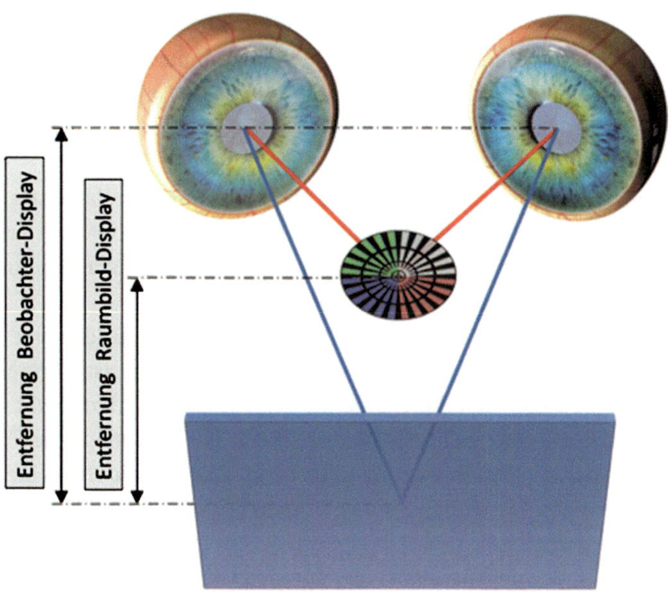

Abb. 4.11 Akkommodation und Konvergenz im stereoskopischen Raumbild

gleichen Punkt richtet sich automatisch auch der Fokus und zwingt die Linsen der Augen zur Anpassung der Brechkraft (Akkommodation). Diese intuitive Einheit von Akkommodation und Konvergenz bildet gemeinsam mit dem Pupillenreflex die Naheinstellungstrias (Abschn. 3.1.2.4).

Im stereoskopischen Sehen konvergieren die Augen auf den virtuellen Punkt der 3D-Illusion, der sich vor oder hinter dem Bildschirm befinden kann, müssen aber (um ein scharfes Bild zu sehen) auf den Bildschirm selbst akkommodieren (Abb. 4.11). Der Fokus und der (virtuelle) Bildpunkt liegen nicht mehr in einer Ebene, Akkommodation und Konvergenz sind abnormal entkoppelt. Dies ist umso deutlicher, je weiter sich der Konvergenzpunkt vom Bildschirm, also vom Fixationspunkt entfernt befindet.

Der Konflikt ist seit Jahrzehnten bekannt und unbestritten, umso erstaunlicher sind die geringen Fortschritte, die bislang bei der Lösung gemacht wurden. Generell gibt es derzeit keine kommerziell verfügbare 3D-Brille, die dieses Problem beseitigen kann.

Der Lösungsansatz, einen evtl. Konflikt dadurch zu vermeiden, dass eine Komfortzone definiert wird (z. B. Shibata et al. [81]), in der ein weitestgehend problemloses Sehen möglich ist, kann zwar keine abschließende Antwort auf diese Frage sein, ermöglicht aber möglicherweise eine größere Akzeptanz des 3D-Sehens im Allgemeinen.

4.3.1.3 Fehlende Bewegungsparallaxe

Selbst die kleinste Bewegung des Körpers, des Kopfes oder gar der Augen verursacht in der realen 3-dimensionalen Welt ständig neue Eindrücke der Umgebung. Aus jeder so erzeugten neuen Betrachtungsposition wirkt die Szene verändert, wenngleich bei geringen

Bewegungen auch nur in begrenztem Ausmaß. Größere Bewegungen ermöglichen deutlich andere Sichten und können sogar dazu beitragen, hinter Objekte zu sehen. Das ist immer dann der Fall, wenn ein Objekt das andere verdeckt und durch Bewegung aufgedeckt wird. Diese neuen Perspektiven unterstützen den Betrachter, sich eine räumliche Vorstellung von der Umgebung machen zu können.

Während der Nutzung von 3D-Brillen wird die Bewegungsparallaxe ausgelöscht. Es ist nach wie vor möglich, Haltung und Position des Körpers oder Kopfes zu verändern. Dies hat aber keineswegs den gewohnten Einfluss auf die Netzhautbilder, die unabhängig von der Bewegung unverändert bleiben.

Wie auch immer die Position verändert wird, das erfasste Bild bleibt unbeeinflusst von der Position oder Bewegung. Der beständige Bildeindruck ist unvereinbar mit der täglichen Erfahrung: Wenn sich die Betrachtungsposition verändert, *muss* sich auch der Seheindruck ändern. Da dies nicht der Fall ist, bleibt nur eine mögliche Erklärung: Die Szene hat sich mit der eigenen Bewegung mitbewegt. Das ist sicherlich eine absurde oder doch zumindest sehr ausgewöhnliche Vorstellung in der realen Welt und wird daher nicht von der Erfahrung gestützt.

Das Fehlen der Bewegungsparallaxe erzeugt einen Konflikt aus körperlichem und visuellem Empfinden, der vom Gehirn mit der Erfahrung verglichen und schließlich als fehlerhaft betrachtet wird. Die Divergenz aus Erwartung und Erleben führt zu körperlichen Reaktionen, die den Symptomen eines Rausches oder gar einer Vergiftung sehr ähnlich sind. Die naheliegendste Begründung für die Reizdivergenz ist nach Erfahrungswerten die Ähnlichkeit des beobachteten Verhaltens mit bekannten Mustern, die das Gehirn nun mit den identischen „Gegenmaßnahmen“ beantwortet: Unwohlsein, Übelkeit, Kopfschmerzen.

Je größer die Abweichung zwischen dem Erlebten und der Erfahrung ist, je mehr sich die Bewegungen auf der Leinwand von den eigenen Bewegungen unterscheiden, umso wahrscheinlicher ist eine derartige Reaktion. Die körperliche Reaktion ist der Bewegungskrankheit (Kinetose), wie sie beim Reisen, während eines Fluges oder einer Autofahrt auftritt, sehr ähnlich. Daher kennt man mittlerweile nicht nur die Reise- bzw. Bewegungskrankheit („motion sickness“), sondern auch die Simulatorkrankheit („simulation sickness“) oder etwas allgemeiner die visuell induzierte Bewegungskrankheit („visuelly induced motion sickness“) [82].

4.3.1.4 Medizinische Kontraindikationen

Eine relativ große Zahl der Menschen kann aufgrund dysfunktionaler Vision nicht stereoskopisch oder binokular 3-dimensional sehen. Das kann z. B. durch praktische oder funktionelle Einäugigkeit (Monophthalmie) begründet sein. Dabei bedeutet die praktische Einäugigkeit das Fehlen oder die fehlende Sehleistung eines Auges (Erblindung), wohingegen die funktionelle Einäugigkeit das Unvermögen zu binokularem räumlichem Sehen bezeichnet. Zudem befördern verschiedene binokulare Sehstörungen, besonders verursacht durch Schielen (Strabismus) oder Augenzittern (Nystagmus), die temporäre oder manifeste Wahrnehmung von Doppelbildern (Diplopie).

Obgleich es diesen Personen nicht vergönnt sein wird, stereoskopisches 3D im Kino zu erleben, können viele Mitglieder der kontraindizierten Gruppe 3D ohne 3D-Brille in normaler, natürlicher Umgebung wahrnehmen. Das gelingt insbesondere durch die Nutzung anderer, monokularer Hinweise zur Raumwahrnehmung (Abschn. 3.2).

Die andauernde Nutzung von 3D-Brillen kann aber auch bei intakter binokularer Vision physische Konsequenzen provozieren (z. B. „visually induced motion sickness“) oder zumindest zu anstrengendem Sehen (Asthenopie) führen.

4.3.1.5 Schärfentiefe

Über die physikalischen Ursachen der Schärfentiefe wurde schon im Abschnitt „Akkommodation“ (Abschn. 3.1.2.1) gesprochen. Daher ist bekannt, dass bei normaler Akkommodation die Schärfentiefe mit zunehmendem Abstand vom Fixationspunkt abnimmt.

In einer stereoskopischen 3D-Präsentation funktioniert die Schärfentiefe jedoch nicht wie gewohnt. Da zwar auf den Fixationspunkt konvergiert wird, der Fokuspunkt aber auf dem Bildschirm liegt, ist die Schärfentiefe über die gesamte Länge eines 3D-Filmes unveränderlich. Während im natürlichen Sehen ständige Fokuswechsel auf die fixierten Punkte in unterschiedlicher Raumtiefe stattfinden (wodurch sich fortlaufend auch die Schärfentiefe ändert), kann im stereoskopischen 3D-Film nur eine einzige Fokusstellung genutzt werden.

4.3.1.6 Kanaltrennung

Im natürlichen Sehen ist die Separation des linken und rechten Netzhautbildes 100 %. Ein Übersprechen zwischen beiden Kanälen kann praktisch nicht stattfinden.

In der Stereoskopie versucht man diesem Ideal so nahe wie möglich zu kommen. Die Kanaltrennung (auch „channel separation“) ist der messbare Wert der Separation der Einzelbilder.

Er wird angegeben als Quotient der Intensität des dem korrekten Filter (und damit Auge) zugehörigen Bildes (Nutzsignal) und dem unerwünschten Bild für das andere Auge (Störsignal oder Rauschen). Dieses Signal/Rausch-Verhältnis wird gewöhnlich als Kontrastverhältnis (K), also Verhältnis der transmittierten (durchgelassenen) Leuchtdichten (L) definiert. Das Kontrastverhältnis ist für den linken (K_l) und rechten Filter (K_r) einer Anaglyphenbrille unterschiedlich.

$$K_\mathrm{l} = \frac{L_\mathrm{l}}{L_\mathrm{r}}; K_\mathrm{r} = \frac{L_\mathrm{r}}{L_\mathrm{l}} \tag{4.10}$$

Üblicherweise wird der Kehrwert der Kanaltrennung (Übersprechen, auch „crosstalk“) in Prozent angegeben.

4.3.1.7 Auflösungsverlust, Farbtreue und Helligkeit

Durch die 3D-Technologie ist bei der Verwendung eines räumlichen Multiplexings (z. B. am 3D-Fernseher mit passiver Polarisation) die Auflösung reduziert, bei zeitlichem Multiplexing (z. B. mit Shutterbrille) kann unter Umständen ein Bildflimmern wahrgenommen werden. Zweifelsfrei führen Anaglyphenbrillen zu Farbfehlern, die je nach Ausprägung mehr oder minder störend empfunden werden können.

Letztlich dämpft jede 3D-Brille das durchgelassene Licht deutlich, was zu einem schlechteren Bildeindruck führt.

4.3.2 Hype-Cycle

Vor einigen Jahren konnte eine „Renaissance" des 3-dimensionalen Kinos beobachtet werden. Auch wenn die Stereoskopie in den vergangenen 150 Jahren permanent vorhanden und notorisch bekannt war, so ist das 3D-Kino selbst mehrfach von der Bildfläche verschwunden – und wieder aufgetaucht.

Der erste „Boom" im späten 19. Jahrhundert stagnierte nach einigen erfolgreichen Jahren und vegetierte danach nur auf niedrigem Level in professionellen Nischen. Der gleiche Aufschwung und Niedergang wiederholte sich in den 50er- und 80er-Jahren des 20. Jahrhunderts. Mit dem kommerziellen Erfolg des 3D-Kassenschlagers „Avatar" des kanadischen Erfolgsregisseurs Cameron im Jahr 2009 schien das 3D-Kino wieder ein Comeback zu feiern. Aber wie lange wird dieser Trend diesmal anhalten? Es gibt deutliche Anzeichen, dass das Interesse an den 3D-Filmen deutlich abnimmt, da die Diskrepanz aus der Erwartungshaltung und den gelieferten Resultaten immer deutlicher wird. Aus früheren „Hypes" ist bekannt, dass nach einer initialen Phase der Neugier, die immer mit großen Erwartungen und einer hohen Fehlertoleranz einhergeht, regelmäßig eine Phase der Frustration und Sättigung folgt. Dabei wird nun die vormals kritiklos umjubelte Neuheit einer kritischen Betrachtung unterzogen, die schließlich zu Unzufriedenheit mit dem aktuellen Zustand und letztlich zur Ablehnung führt. Dieses Phänomen ist unter dem Namen Hype-Cycle bekannt.

Die Grundlagen dieser Betrachtung zum Hype-Cycle wurden vom Autor 2013 unter dem Titel „The hype cycle in 3d displays" auf der icOPEN in Singapur vorgetragen [83].

4.3.2.1 Ursachen des 3D-Hype-Cycle

Die tagtägliche Erfahrung der Evolution der uns umgebenden Technologie hat die Konsumenten in bestimmter Weise konditioniert. Die dadurch induzierte Erwartung, dass bei jeglicher technischer Weiterentwicklung oder Verbesserung auch alle bisherigen Eigenschaften erhalten bleiben, kann mit der heutigen 3D-Technology nicht erfüllt werden. Es ist ein inhärentes Problem der 3D-Darstellung, dass die Präsentation einer zusätzlichen Raumdimension mit Zugeständnissen bei anderen Eigenschaften der Darstellung einhergeht. Das sind unter Umständen grundlegende Charakteristika der Technik, wie z. B. die Verringerung von Auflösung, Helligkeit, Bildrate oder Betrachtungsraum. Dazu können unerwünschte physiologische Nebeneffekte kommen, beispielsweise eine subjektiv wahrgenommene Unannehmlichkeit während der Betrachtung. Das beginnt bei körperlichem Unbehagen oder anstrengendem Sehen, kann aber sogar zu räumlicher Desorientierung und Übelkeit führen. Tatsächlich sind die 3D-Techniken, egal ob mit oder ohne 3D-Brille, die Quelle der Probleme und somit die Ursache einer abnehmenden Faszination.

Es ist sicherlich allgemein akzeptiert, dass der 3D-Film „Avatar" bislang einer der erfolgreichsten Filme aller Zeiten war. In verschiedenen Auswertungen werden weltweite Umsätze von 2,788 [84], 2,781 [85] oder auch 2,783 [86] genannt (alle Angaben in Milliarden USD).

Auch wenn man diese Angaben aufgrund der Inflation der Ticketpreise relativieren muss [86, 87], ist anzuerkennen, dass dieser Film sicherlich der einträglichste 3D-Film bisher war.

Hintergrundinformationen
Unter Berücksichtigung der Inflation ist der erfolgreichste Film aller Zeiten „Vom Winde verweht" aus dem Jahr 1939 [86].

Es ist ganz offensichtlich, dass der finanzielle Erfolg in den 3D-Kinos weltweit den nachfolgenden 3D-Hype angetrieben hat und eine signifikante Ursache für das Comeback des 3D-Kinos war.

Nur 2 Jahre später konnten die ersten Anzeichen für eine abnehmende Anziehungskraft der 3D-Filme bemerkt werden. Schon kurz nach dem überwältigen Erfolg des „Avatar" kehrt die Mehrheit der Besucher zurück zum klassischen 2D-Film. Der Mitbegründer und Vorstand der „Dream Work Animation Studios", Jeffrey Katzenberg, wurde 2011 von Pamela McClintock („The Hollywood Reporter") zur offensichtlich abnehmenden Zahl der 3D-Kinogänger befragt [88]. Katzenberg beklagt in diesem Interview die mangelnde Ausführung der 3D-Filme und lamentiert:

> It's really heartbreaking to see what has been the single greatest opportunity that has happened to the film business in over a decade being harmed.

Im gleichen Interview zeigt sich jedoch, dass er nur einen Teil der Ursache erkennt und daraus den falschen Schluss zieht.

> We have disappointed our audience multiple times now, and because of that I think there is genuine distrust – whereas a year and a half ago, there was genuine excitement, enthusiasm and reward for the first group of 3D films that actually delivered a quality experience.

Zwar beschreibt er einen Teil des Phänomens, das auch als der Hype-Cycle bezeichnet wird, vermag aber nicht, die grundsätzliche Limitierung des von ihm präferierten Verfahrens zu erkennen.

Der Begriff Hype-Cycle wurde von Fenn 1995 geprägt [89], um den Lebenszyklus neuer Technologien abschätzen zu können. Der Hype-Cycle ist eine Möglichkeit, wiederkehrende Abläufe in der oberflächlichen Begeisterungsfähigkeit der Massen anschaulich zu präsentieren, und stellt somit eher eine psychologische Verhaltensbeschreibung dar als eine naturwissenschaftliche Analyse. Somit ist verständlich, dass die Prognosekraft dieser Darstellungsform begrenzt sein wird und eine evtl. Aussage nur rein qualitativ sein kann.

Der Duden präsentiert 3 mögliche Bedeutungen des Wortes Hype:

1. besonders spektakuläre, mitreißende Werbung (die eine euphorische Begeisterung für ein Produkt bewirkt)
2. aus Gründen der Publicity inszenierte Täuschung
3. Welle oberflächlicher Begeisterung; Rummel

Der Charakter eines Hypes ist demnach zwar spektakulär, mitreißend und euphorisierend, im Kern aber oberflächlich und unter Umständen gar eine inszenierte Täuschung. Den Punkten 1 und 3 kann man ohne Weiteres zustimmen, die Täuschung dagegen muss bei einem Hype aber keineswegs inszeniert sein, sondern kann auch durch Überschätzung des Produktpotenzials etwa durch den Erfinder, die Presse oder gar den Anwender hervorgerufen werden. Solche Ideen können dann vielleicht großartig sein, sind aber aus Sicht der Konkurrenz oder der Anwender, letztlich aber in der kurzfristigen Wahrnehmung „ausgesprochen unbrauchbar" (Harf [90]).

Für den 3D-Film treffen aber alle Bedeutungen des Dudens zu. Die spektakuläre Inszenierung und der Medienrummel, der schon mit der Erstellung des „Avatar" begann, wurden von der bewussten Überbewertung der technischen Leistungsfähigkeit der digitalen 3D-Kinos begleitet. Dies wurde von den Studios und der Presse als „3D-Revolution" definiert und publiziert. In Kenntnis der historischen Entwicklung der 3D-Brille darf man sicherlich von einer Evolution sprechen, der Begriff „Revolution" legt aber eine radikale, grundlegende Veränderung nahe. Dieses Versprechen konnte nicht eingelöst werden, insofern könnte man durchaus eine Täuschung behaupten.

Offensichtlich wirkt die sich bei jedem 3D-Kinobesuch wiederholende Diskrepanz zwischen hoher Erwartungshaltung und gelieferter Enttäuschung als negative Konditionierung und Katalysator für eine beginnende Ablehnung. Die frustrierende Erfahrung unerfüllter Erwartungen reduziert die Neigung, einen Zusatzbeitrag für den 3D-Film zu zahlen.

Der Hype-Cycle liefert eine qualitative Beschreibung der Entwicklung des medialen Interesses während der Einführung neuer Technologien. Das Interesse lässt sich an der Zahl entsprechender Veröffentlichungen leicht ermitteln und so über die Zeit in einem Diagramm visualisieren.

Grundsätzlich gliedert Fenn den Hype-Cycle in 5 Abschnitte (Abb. 4.12), die sie wie folgt bezeichnet: „technology trigger" (technologischer Auslöser), „peak of inflated expectations" (Gipfel der überzogenen Erwartungen), „trough of disillusionment" (Tal der Enttäuschungen), „slope of enlightenment" (Pfad der Erleuchtung) und „plateau of productivity" (Plateau der Produktivität).

Die von Fenn eingeführten und teilweise blumigen Beschreibungen werden im Folgenden verkürzt und wie folgt verwendet: Auslöser, Euphorie, Frustration, Realismus, Produktivität.

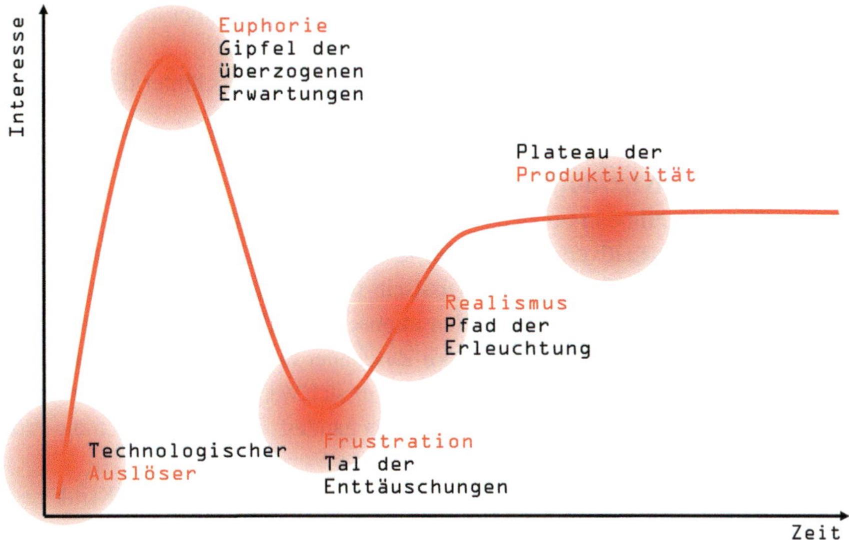

Abb. 4.12 Hype-Cycle nach Fenn

4.3.2.2 Auslöser („technology trigger")

Gemäß Fenn startet jeder Hype-Cycle mit einem Trigger, der auf einer technischen Innovation beruht. Überträgt man diesen Ansatz auf das stereoskopische Kino, so ist dieser Trigger die Entwicklung der digitalen 3D-Kinoprojektoren und die nachfolgende Ankündigung des Einsatzes dieser Technologie durch die großen Hollywood-Studios. Diese Ereignisse verursachten einen beträchtlichen positiven Widerhall in den Medien, der wiederum die Entwicklung von 3D-Fernsehern stimulierte.

4.3.2.3 Euphorie („peak of inflated expectations")

Die fehlende Kenntnis über die neue Technologie und deren Limitierungen führt zu unrealistischen Einschätzungen und überzogenen Erwartungen. Diese ungeheuren Erwartungen selbst forcieren eine unkritische positive Bewertung und provozieren deren öffentliche Verbreitung. Die schiere Zahl der Veröffentlichungen wirkt wie eine sich selbsterfüllende Prophezeiung und treibt das Interesse auf den „Gipfel der überzogenen Erwartungen". In diesem Fall wird die Erwartungshaltung zu einer subjektiven Realitätserwartung, die schließlich in der objektiven Realität, dem allgemeinen Interesse, mündet. Thomas und Thomas [91] beschreiben einen solchen Prozess 1928:

> If men define situations as real, they are real in their consequences.

Dieser auch als Thomas-Theorem [92] bekannte Zusammenhang zeigt auf, dass ein Hype unabhängig von der tatsächlichen Leistungsfähigkeit einer Technologie entstehen kann.

Dabei ist die subjektive Einschätzung der Technologie bedeutsamer als die Technologie an sich.

Das 3D-Kino ist derzeit mit hoher Wahrscheinlichkeit bereits hinter den Erwartungen zurückgeblieben und hat somit den Gipfel überschritten.

4.3.2.4 Frustration („trough of disillusionment")

Mehrere mäßige 3D-Filme in Folge und einige 2D/3D-Konvertierungen in minderer Qualität führen zu immer negativerer Beurteilung der 3D-Darstellung. Die gewachsene Kenntnis über die Technologie führt zum Bewusstsein der Limitierungen in Qualität und Betrachtungskomfort. Die immer gleichen Sensationseffekte, das „Herausspringen" von Objekten aus der Kinoleinwand direkt auf den Zuschauer zu, verlieren ihre überraschende Wirkung. Immer mehr greift die Erkenntnis, dass es sich wahrscheinlich doch nur um eine Weiterentwicklung, nicht aber um eine Revolution handelt. Ebenso, wie sich die Prozesse vorher positiv beschleunigt hatten, kehrt sich nun der Prozess um.

Die entstehende negative öffentliche Grundhaltung führt zu massiver Kritik und Ablehnung, die Technologie wird nun generell unterbewertet. Das allgemeine Interesse fällt auf ein absolutes Minimum – das Tal der Enttäuschungen ist erreicht, die Frustration auf ihrem Höhepunkt.

4.3.2.5 Realismus

Die Bezeichnungen Euphorie und Frustration wurden gewählt, um besonders die emotionale Komponente der beiden ersten Phasen zu kennzeichnen. Werden die ersten beiden Phasen von den Beteiligten quasi „im Affekt" durchlebt, so steht am Ende der starken Emotionen der depressive Tiefpunkt.

Die emotionale Phase endet, eine realistische Bewertung beginnt. Die Kenntnisse über die Technologie nehmen zu, weitere praktische Anwendungen werden entwickelt. Die Einschätzung über das Potenzial von 3D ist realistisch, Entscheidungen werden nach rein rationalen Erwägungen getroffen.

4.3.2.6 Produktivität

Die finale Phase des Hype-Cycle ist in der Regel auch die dauerhafteste und stabilste. Die Technologie ist ausgereift, hinreichend erforscht und kommerziell erfolgreich. Die Technologie bleibt so lange produktiv, bis eine neue Technologie die vorherige verdrängt oder ablöst.

Der aktuelle Hype-Cycle für das 3D-Kino ist in Abb. 4.13 dargestellt.

4.3.2.7 Wiederkehrende Zyklen

Analysiert man heutige Pressestimmen, so lässt sich die Position der 3D-Darstellung auf dem Hype-Cycle einigermaßen bestimmen. Je häufiger die Nachrichten negativ ausfallen, umso wahrscheinlicher ist eine abfallende Tendenz. Es werden vermehrt skeptische Behauptungen und Analysen vorgetragen, Bedenken hinsichtlich des kommerziellen Er-

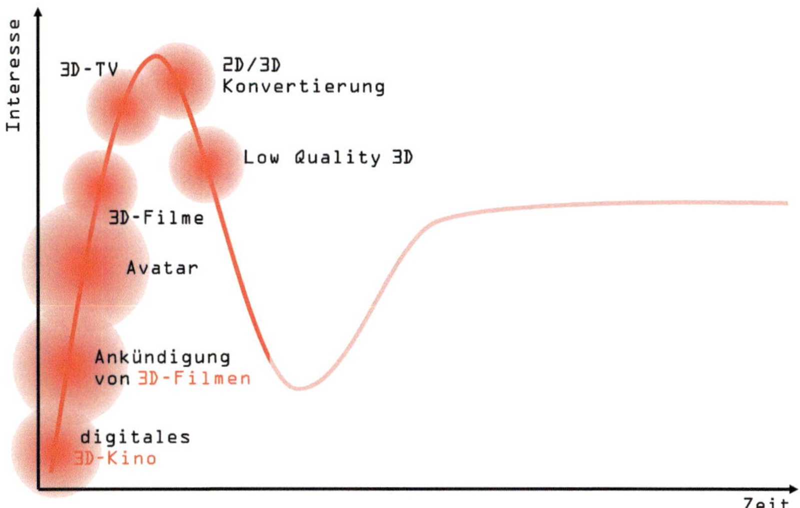

Abb. 4.13 Aktueller Hype-Cycle

folges, der 3D-Qualität, des Betrachtungskomforts, gesundheitlicher Risiken oder gar der 3D-Brille selbst werden offenbar.

Folgt man der Geschichte der Stereoskopie, so kann festgestellt werden, dass zwischen den jeweiligen Hochzeiten des Verfahrens ein nahezu gleichmäßiges Intervall von einer Generation liegt, was einem zeitlichen Abstand von mehr als 30 Jahren entspricht.

Die „Goldene Ära" der Stereoskopie [11], die mit dem Auftreten der Stereoskope von Wheatstone (Abschn. 4.1.1) und Brewster (Abschn. 4.1.2) begann, hatte ihren Höhepunkt mit dem Erfolg der Holmes-Bates-Stereoskope (Abschn. 4.1.2.1).

Ein weiterer 3D-Boom entstand in den frühen 50er-Jahren des vorigen Jahrhunderts durch die Verwendung von Farbfilmen und der damit verbundenen Nutzbarkeit von Anaglyphenbrillen, verschwand aber nach kurzer Zeit (Lipton [36]), gleichermaßen in den 1980er-Jahren (Zone [11]) mit dem Einsatz von Polarisationsbrillen. Doch spätestens seit dem Erscheinen des „Avatar" ist 3D omnipräsent. Die wiederkehrenden Hype-Cycles (Abb. 4.14) der vergangenen 1 ½ Jahrhunderte lehren, dass einer initialen Phase der Neugier, kombiniert mit positiven Erwartungen und einer hohen Ignoranz möglicher oder tatsächlicher Probleme, üblicherweise eine Phase der Frustration, repräsentiert durch negative Bewertung oder generelle Abneigung, folgt.

Eine gleichartige Situation wiederholte sich in jeder Generation: Die Stereoskopie konnte die hohen Erwartungen der Zuschauer nicht erfüllen und fiel in jedem Fall auf eine Nischenanwendung zurück.

Die Erwartungen stiegen mit jedem neuen Hype und erreichten nach jedem Durchlauf ein höheres Produktivitätsniveau. Jeder Hype hat das stereoskopische Wissen vergrößert, was automatisch zu einer Überhöhung der Erwartungshaltung im folgenden Hype führte. Eine schöne Erklärung formuliert Kaminski [93]:

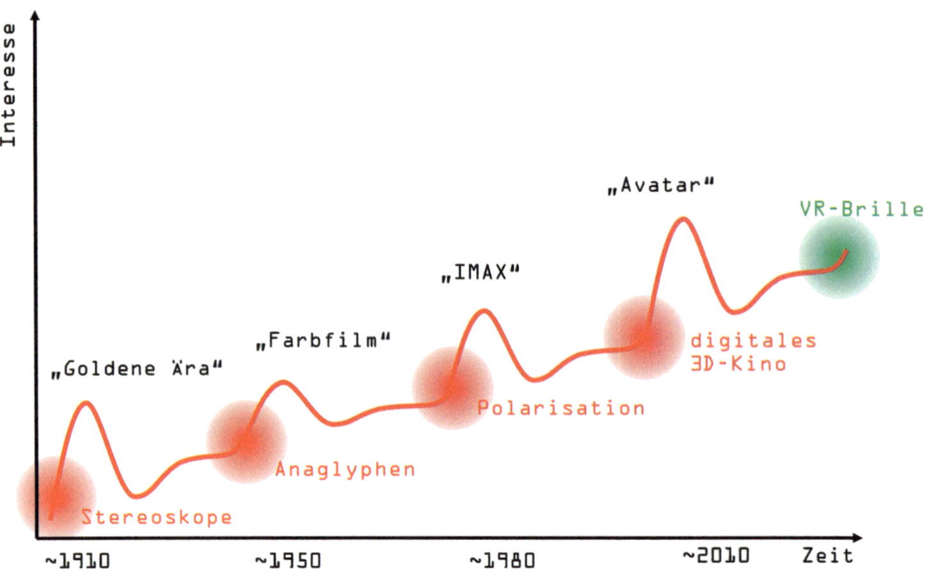

Abb. 4.14 Wiederkehrende Hype-Cycles. *VR* Virtual-Reality

> Von Technik wird Unerhörtes erwartet. Diese Erwartungsbildung fällt dabei umso leichter, je größer das Nichtwissen über die Technik ist. Dies ist natürlich vor der Einführung der Technologie der Fall par excellence. Die offene Situation, welche noch nichts entschieden hat, evoziert die Möglichkeit vor etwas Unerhörtem zu stehen; etwas, das die Welt aus den Angeln hebt.

Die alltäglich erfahrene technologische Weiterentwicklung konditioniert und verführt den Konsumenten, auf eine automatische Verbesserung jeglicher Technik zu vertrauen, ja zu erwarten, dass jeder Fortschritt von Beginn an perfekt sei. Darin schwingt auch die Grundannahme mit, dass eine Verbesserung immer mit der Bewahrung des Bisherigen einhergeht, per se also nur positive Konsequenzen hat und Zugeständnisse an angestammte Parameter nicht akzeptabel sind.

Und tatsächlich beweist die Geschichte des bewegten Bildes genau das. Das Kino entwickelte sich von einem stummen, unscharfen Schwarz-Weiß-Film zu einem hochauflösenden Farbfilm mit Raumklang. Im Unterschied zum 2D-Kino hat das stereoskopische Kino aber ein inhärentes Problem: Die Darstellung einer zusätzlichen Raumdimension bedingt Zugeständnisse in bildrelevanten Eigenschaften (z. B. Helligkeit, Auflösung). Eine neue Technologie wird aber in der Frühphase nicht hinsichtlich der enthaltenen oder zu erwartenden Probleme begutachtet. Die kritische Betrachtung erfolgt erst später und erweckt, wenn die Probleme offenbar werden, den Eindruck der Täuschung.

Die Betrachtung des Hype-Cycle lässt sich recht gut mit der Vorhersage von Börsenwerten vergleichen. Eine reale Kurve kann erst in der Rückschau ermittelt werden, welchen Einfluss bestimmte Ereignisse auf den Hype haben, lässt sich nur auf Basis früherer Analysen ermitteln. Die Wahrscheinlichkeit des Eintretens einer Prognose kann aber durch Betrachtung historischer Werte validiert werden.

Auch wenn heute mitunter bei Lektüre der Presse der Eindruck entstehen kann, 3D wäre aus dem Kino und den Haushalten verschwunden, so ist das eher ein Zeichen für das abnehmende mediale Interesse als für die sachliche Richtigkeit. Tatsächlich erhöht sich der Anteil von 3D-Fernsehern gegenüber 2D-Geräten jedes Jahr, für das Jahr 2015 prognostiziert Statista einen Anteil von 22 % [94]. Nach wie vor wird beinahe jeder wichtige Film auch in 3D auf die Kinoleinwände gebracht, der Anteil von 3D-Filmen am gesamten Kinoumsatz liegt nach einer Studie der Filmförderanstalt seit 2010 recht stabil zwischen 26 und 28 % [95]. In Divergenz zum abflauenden medialen Interesse ist die 3D-Darstellung für den Anwender nach wie vor noch von erheblicher Bedeutung

► Der Hype-Cycle spiegelt den jeweiligen Faktor der Aufmerksamkeit und des Interesses in Form einer emotionalen Erregungskurve wider, die von der tatsächlichen rationalen Nutzung der Technologie oder eines kommerziellen Erfolges abgekoppelt sein kann. Die Identifikation und Nutzung der euphorischen Frühphase kann jedoch bei Einführung von affinen Produkten und Anwendungen förderlich sein, insbesondere bei deren Bekanntmachung oder Finanzierung.

Als aktueller Hype können zweifelsfrei stereoskopische Virtual-Reality-Brillen gesehen werden, die als lageadaptives Linsenstereoskop (Abschn. 4.1.2.2) entscheidende Vorteile bei schneller Kopf- oder Körperbewegung mitbringen. Damit sind diese Brillen zweifelsfrei ein besseres Sichtgerät für Computerspieler als ein herkömmlicher stereoskopischer Monitor.

Als Ersatz für 3D-Kinobrillen können diese (noch) nicht verwendet werden, da im stereoskopischen Film die 3D-Informationen unveränderbar vorliegen und neue Perspektiven durch Haltungsveränderung nicht entstehen können.

4.4 Autostereoskopische Systeme

Im vorherigen Kapitel wurden die Probleme der 3D-Brille erläutert und die Grenzen der Stereoskopie aufgezeigt. Es ist nun naheliegend, sich auch mit den Verfahren zu beschäftigen, die keine 3D-Brille mehr benötigen. Mit der Bezeichnung „Autostereoskopie“ wird bereits im Namen durch das Präfix „auto“ die grundlegende Funktion manifestiert: Der 3D-Eindruck stellt sich selbsttätig ein, ohne dass die Notwendigkeit einer 3D-Brille besteht. Die Verbindung mit der „Stereoskopie“ im zweiten Wortteil verdeutlicht die dennoch enthaltene stereoskopische Natur der Präsentation.

► **Definition** Die Autostereoskopie bezeichnet die Gesamtheit aller Verfahren, bei denen eine 3D-Raumillusion unter Verzicht auf 3D-Brillen durch binokulare Darstellung erreicht wird.

Durch diese Definition wird nicht nur der Verzicht auf die 3D-Brille festgelegt, sondern auch die grundsätzliche stereoskopische Darstellung. Da im Stereoskop das 3D-Bild nicht real entsteht, sondern erst im Gehirn des Betrachters, kann man durchaus von einer binokularen Illusion sprechen. Das grenzt die Autostereoskopie von anderen Verfahren der Raumbildtechnik (z. B. der Holografie, bei der das 3D-Bild real im Raum entsteht) ab.

Grundsätzlich ist die Idee der Autostereoskopie nicht neu. Bereits das erste Stereoskop von Wheatstone kam ohne Brille aus (Abschn. 4.1.1), die Möglichkeit zur Betrachtung stereoskopischer Bilder mit Kreuz- oder Parallelblick (also ohne Brille) beschreibt schon Holmes [7].

Grundsätzlich ist die Erwartungshaltung aber eine andere (s. Hype-Cycle) und ähnelt mehr der Lem-Vision der Phantomatik [10]. Beim Betrachten eines autostereoskopischen Monitors sollte sich der Raumeindruck unmittelbar einstellen und von der Realität nicht oder kaum zu unterscheiden sein.

4.4.1 Wechselbilder

Ein Wechselbild fällt sicherlich nicht unter die Definition eines autostereoskopischen Displays. Dennoch finden sich bis auf die 3-dimensionale Darstellung alle wesentlichen Kennzeichen eines autostereoskopischen Wiedergabesystems. Man kann davon ausgesehen, dass die Kenntnis dieser barocken Technologie und deren Charakteristika durchaus von Bedeutung für das Verständnis moderner Systeme und deren geschichtlicher Einordnung ist.

Auch wenn aus dem Barock keine 3D-Darstellung bekannt und überliefert ist, so wird man nach Lektüre dieses Artikels feststellen können, dass es gleichwohl mit der damals vorhandenen Technik praktisch möglich gewesen wäre.

4.4.1.1 Riefelbilder

Spätestens seit Mitte des 17. Jahrhunderts können in einem Bild gleichzeitig auch mehrere Einzelbilder kombiniert werden. Die Wahrnehmung des Bildinhaltes erfolgt positionsabhängig und ist so ausgelegt, dass von einer bestimmten Position aus ein vollständiges (2D-)Bild gesehen werden kann. In der damaligen praktischen Umsetzung wurden zunächst unterschiedliche Einzelbilder gemalt, anschließend in Streifen geschnitten und schließlich auf Leisten mit dreieckigem Profil aufgeklebt.

Im Beispiel (Abb. 4.15 und 4.16) wurde ein rotes und ein blaues Bild erzeugt und auf die Prismenstäbe auf die gegenüberliegenden Seiten aufgebracht, die wahrgenommen Bilder für das linke Auge (rote Iris) und das rechte Auge (blaue Iris) sind farblich umrahmt und unter den symbolischen Augen angeordnet. Die wahrgenommenen Bilder entsprechen einer Drehung der Netzhautbilder um 180°. Grundsätzlich wird im Folgenden immer von dem wahrgenommenen Bild und nicht mehr vom Netzhautbild gesprochen. Sollte davon abgewichen werden, so wird ist das ausdrücklich erwähnt.

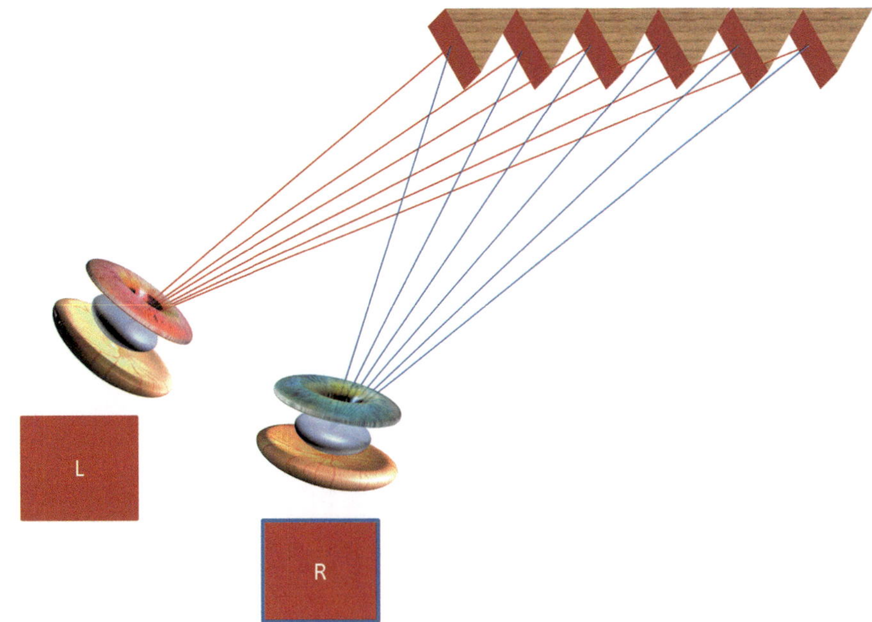

Abb. 4.15 Riefelbild von links gesehen

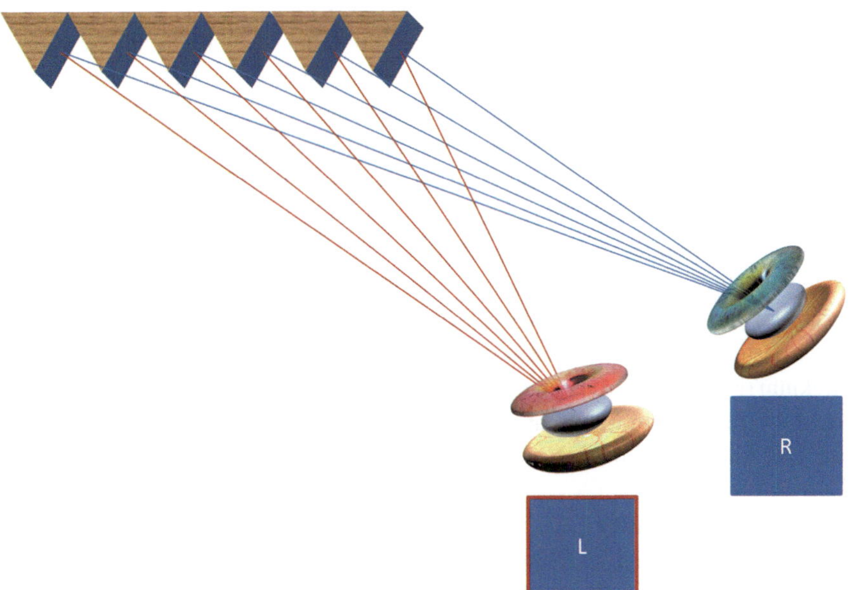

Abb. 4.16 Riefelbild von rechts gesehen

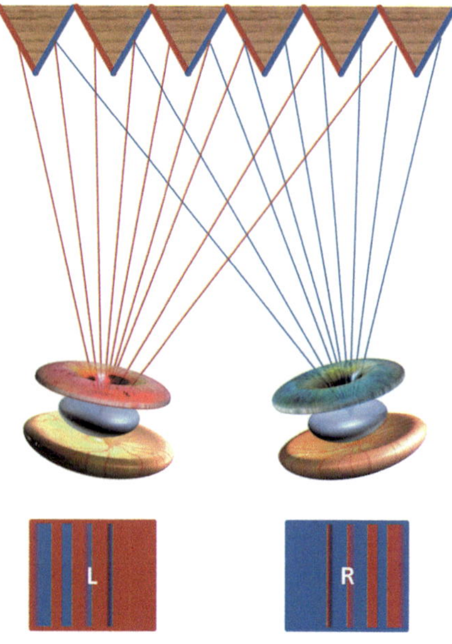

Abb. 4.17 Riefelbild, Überlagerung der Einzelbilder bei Direktsicht

Ein Betrachter, der von der linken Seite auf das Riefelbild schaut, sieht beidäugig nur ein rotes Bild, bei der Betrachtung von rechts ein vollständig blaues Bild. Das sind die Fälle, in denen ein Riefelbild gut funktioniert. Betrachtet man aber ein solches Bild direkt von vorn, so ergibt sich eine andere Situation (Abb. 4.17).

Die Bilder haben nunmehr keine eindeutige Zuordnung zu den Einzelbildern der linken und rechten Seite des Riefelbildes. Es kommt bereits in einem einzelnen Auge zur Überlagerung der Ansichten, und es werden bereits einäugig Doppelbilder wahrgenommen.

Zudem zeigt die Skizze eindeutig die positionsabhängige Ausbildung der Überlagerungen. Eine ideale Kanaltrennung kann nur in bestimmten Positionen und aus großer Betrachtungsentfernung erreicht werden.

Diese „Wechselbilder“ (auch Doppelporträt, Prismen-, Riefen-, Riffel- oder Riefelbild) wurden gewöhnlich zur Darstellung religiöser Inhalte genutzt, zeigen aber mitunter auch Porträts von wertgeschätzten Persönlichkeiten. Eine frühe Arbeit stellt dabei die Darstellung des Pastor Petrus Pauli und seiner Frau Marina dar (Abb. 4.18), die sich in der Kirche zu Breklum (Nordfriesland) befindet. Da Pauli bereits 1687 verstorben sein soll [96], wurde zumindest sein Porträt vermutlich früher angefertigt, was zur Datierung „um 1680“ führte. Das Bild wurde so bearbeitet, dass die Riefenstruktur deutlich erkennbar ist.

4.4.1.2 Lamellenbilder

Möglicherweise hat die Einschränkung während der Direktbetrachtung der Riefelbilder zur Konstruktion der Lamellenbilder (auch Harfenbild, Three-Way-Picture, Triceneorama oder Tricenorama) geführt. Die Bezeichnung Tricenorama beschreibt die Funktionsweise der Bilder anschaulich, da jedes Bild aus 3 einzelnen Szenen zusammengesetzt ist. So

Abb. 4.18 Riefelbild von Pastor Pauli und Frau (um 1680). (Aufgenommen von Pastor Engelkes [96], bearbeitet vom Autor (2015))

konnte beispielsweise in einem einzigen Bild die Dreifaltigkeit dargestellt werden, die je nach Position ein unterschiedliches Bild zeigte und so im Vorübergehen Vater, Sohn und Heiligen Geist nacheinander zeigte [98].

Der Aufbau ist etwas aufwendiger, da möglichst dünne Lamellen senkrecht auf einem Untergrund befestigt werden müssen (Abb. 4.19 und 4.20). Wie auch beim Riefelbild werden auf den Seitenflächen der Lamellen die in Streifen geschnittenen Bilder befestigt, zusätzlich wird jedoch auf dem Untergrund ein drittes Bild für die Direktsicht montiert.

Durch die Anordnung der Lamellen ist die Kanaltrennung zwischen den Einzelbildern umso geringer, je schwächer die Schrägsicht auf das Bild ist.

Die Sicht direkt vor dem Display ist zwar ebenso wie beim Riefelbild eine teilweise Überlagerung der Einzelsichten, allerdings ist der Anteil des korrekt gesehenen Bildes (Zentralbild) höher (Abb. 4.21).

4.4.1.3 Multiperspektivische Vision

Es steht außer Frage, dass die Wechselbilder in der dargestellten Form keine 3D-Wirkung erzeugen konnten. Doch finden sich hier bereits Merkmale, die in noch späteren und heutigen Systemen zu bemerken sind und zu den Charakteristiken der Autostereoskopie zählen.

Perspektivbilder („perspective views")

Die Einzelbilder eines Wechselbildes sind in der Regel deutlich voneinander unterscheidbar. Dennoch zeigen sie häufig verschiedene Aspekte (Perspektiven) eines gleichartigen Themas.

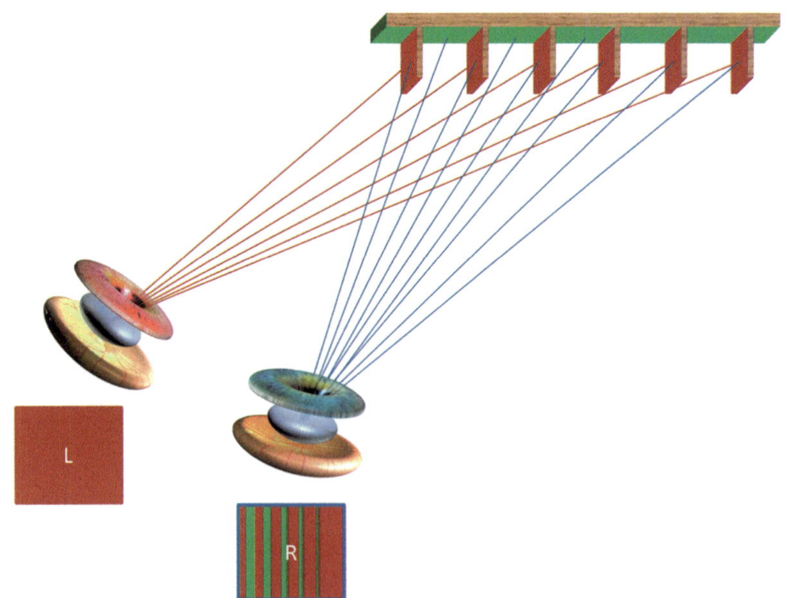

Abb. 4.19 Lamellenbild von links gesehen

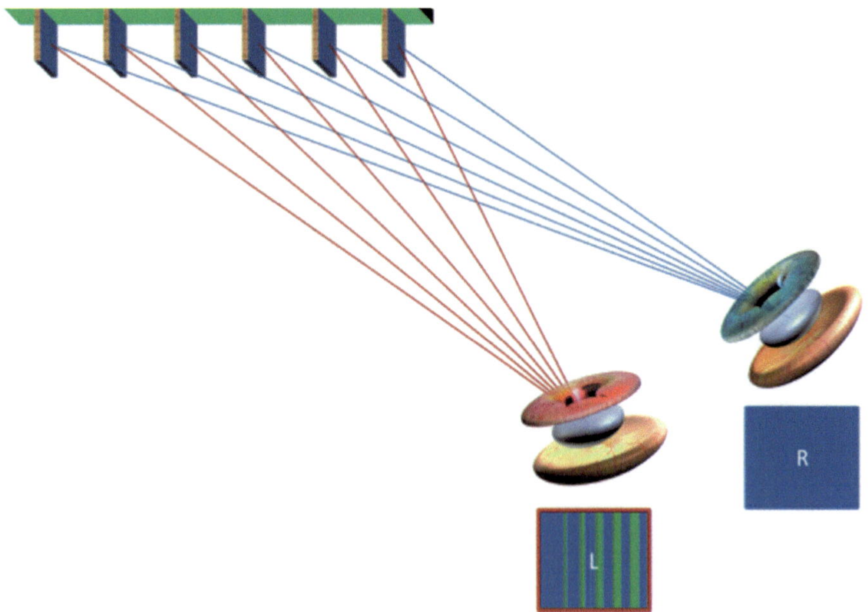

Abb. 4.20 Lamellenbild von rechts gesehen

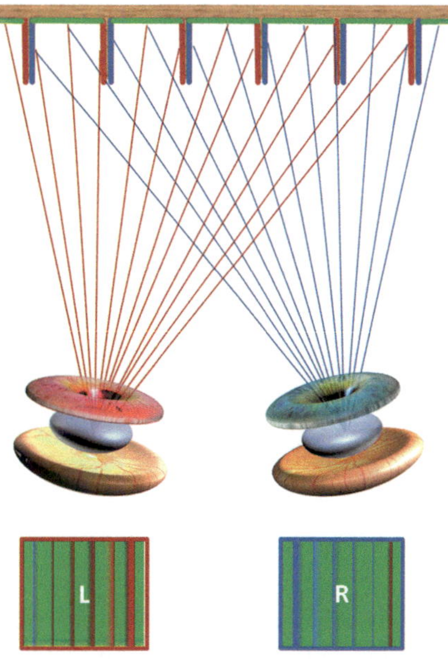

Abb. 4.21 Lamellenbild, Überlagerung der Einzelbilder bei Direktsicht

Die Perspektive entspricht hier nicht der Aufnahme aus einer bestimmten Raumrichtung, sondern vielmehr einer inhaltlichen Metamorphose, die sich in einer offensichtlichen Bildveränderung präsentiert. Häufig sind aber die beeindruckendsten Bilder diejenigen, in denen die Veränderung gering ausfällt. Als Beispiel soll auch hier wieder das norddeutsche Pastorenpaar dienen.

Überlagert man beide Bilder (Abb. 4.22), was eine gute Näherung der Wahrnehmung aus frontaler Direktsicht aus der Zentralposition ist, stellt man sofort fest, dass die Stellung der rechten Hand bei beiden Personen kaum abweicht. Die Kleidung ist in beiden Bildern schwarz, der Kragen weiß, auch die Gesichter befinden sich an nahezu gleicher Position (speziell Augen und Mund) und sind von ähnlicher Färbung. Der Hintergrund ist identisch und in beiden Bildern ohne Textur. Die Abweichung beider Bilder voneinander ist insgesamt gering.

Dadurch wirkt das Bild selbst noch aus ungünstigster Betrachtungsposition einigermaßen akzeptabel, da sich die Ausdehnung der Doppelbildbereiche in Grenzen hält. Noch positiver wird das Verhältnis, wenn man sich aus der Mittelposition herausbewegt, was durch das in Abb. 4.23 dargestellte Bild illustriert werden soll. Dabei ist auf der linken Seite Frau Pauli nur mit 25 % zu sehen (was einer Betrachtung von leicht links entspricht), wodurch Herr Pauli dominiert. Dagegen überwiegt Frau Pauli, deutlich, wenn sie mit 75 % Anteil gesehen wird (etwas von rechts betrachtet).

Man verwendet diese Technik auch heute in der Autostereoskopie besonders dann, wenn sich durch das verwendete Verfahren oder bedingt durch die Installation nur eine begrenzte Kanaltrennung erreichen lässt.

Abb. 4.22 Pastor Pauli und Frau, Überlagerung in Zentralposition

Aus der Entstehungszeit dieses Wechselbildes ist auch ein Doppelporträt von Gaspar Antoine de Bois-Clair erhalten (datiert 1692), das den dänischen König Frederik IV. und seine Frau Louise zeigt [99]. Die teilweise geäußerte Meinung, es wäre bei diesem Bild bereits eine Barrieretechnologie verwendet worden (z. B. Burke [100]: „... Bois-Clair created multiplexed paintings with a grid of vertical slats in front ...") oder es handele sich dabei gar um die erste Präsentation der Parallaxbarriere (z. B. Roberts [101]: „... behind a series of vertically aligned opaque bars ... was first proposed ... by ... Bois-Clair ..."),

Abb. 4.23 Pastor Pauli und Frau, Überlagerung aus seitlicher Sicht

kann durch Betrachtung der Bilder (z. B. bei Simon [99]) leicht widerlegt werden: Die Einzelbilder sind auf prismatische Leisten aufgebracht, ein zusätzliches vertikales Gitter ist weder erkennbar noch notwendig. Zweifelsfrei handelt es sich damit auch dabei um ein Riefelbild.

Bildraster („screen image")

Um die Einzelbilder auf die Flanken der Prismenleisten (Riefeln) oder die Seiten der Lamellen aufzubringen, müssten diese in Streifen geschnitten und entsprechend einer bestimmten Zuordnungsvorschrift zusammengesetzt werden. Diese Zuordnungsvorschrift ist durch das durch die einzelnen Leisten gebildete Raster des Riefel- oder Lamellenbildes definiert. Die Verteilung der Bildelemente über die Fläche ist in der Regel gleichabständig (äquidistant), sodass sich eine Systematik der Bildelemente erstellen lässt. Diese Systematik kann im einfachsten Fall eine Aufteilung in Spalten (und Zeilen) sein, was durchaus einer aktuellen Pixelgrafik entspricht.

Um möglichst realistisch zu wirken, wurden die Einzelbilder mitunter als „Anamorphosen" ausgeführt, wobei die Bilder perspektivisch so verzerrt wurden, dass sie unter dem vorgesehenen Betrachtungswinkel wieder in richtiger Perspektive erschienen. Diese Technik ist Mitte des 17. Jahrhunderts von Caspar Schott im dritten Buch der „Magia universalis naturae et artis", betitelt „De Magia Anamorphotica" [102], sehr anschaulich dargestellt (Abb. 4.24) und könnte so den damaligen Künstlern bekannt gewesen sein.

Diese Form der Bildvorbereitung („anamorphic rendering") kann immer dann verwendet werden, wenn eine starke Schrägsicht durch die spätere Betrachtungssituation vorgegeben wird und ohne eine Bildverzerrung wahrgenommen werden soll.

Das „Collagieren" mehrerer Perspektiven zu einem definierten Bildraster als grundlegende Bildkombination ist immer noch Basis einer jeden 3D-Bilderstellung und in jedem 3D-System zu finden (z. B. unter den Bezeichnungen „Multiplexing" oder „Interlacing").

Separationsraster („screen splitter")

Um die Wahrnehmung eines bestimmten Einzelbildes nur aus der dem Bild zugeordneten Position zu gewähren, muss die Möglichkeit zur Betrachtung dieses Bildes auf einen bestimmten Winkelbereich eingeschränkt werden. Dies wird technisch über separierende einzelne Elemente (Riefeln oder Lamellen) bewerkstelligt, die über die gesamte Bildfläche verteilt sind und den Separator bilden. Auch diese sind – wie schon das Bild – in einem Raster angeordnet. In einem neuzeitlichen 3D-Bild wäre das Separationsraster wahrscheinlich ein Linsenraster.

Bild und Separator sind so zueinander angeordnet, dass aus bestimmten Positionen das gewünschte Bild separiert wird.

Betrachtungsraum („observation area")

Schon in den Illustrationen der aus direkter Frontalsicht gesehenen Bilder im Riefel- oder Lamellenbild (Abb. 4.17 und 4.21) wird deutlich, dass sich ein optimaler Bildeindruck nicht im gesamten möglichen Betrachtungsraum vor dem Bild realisieren lässt. Das

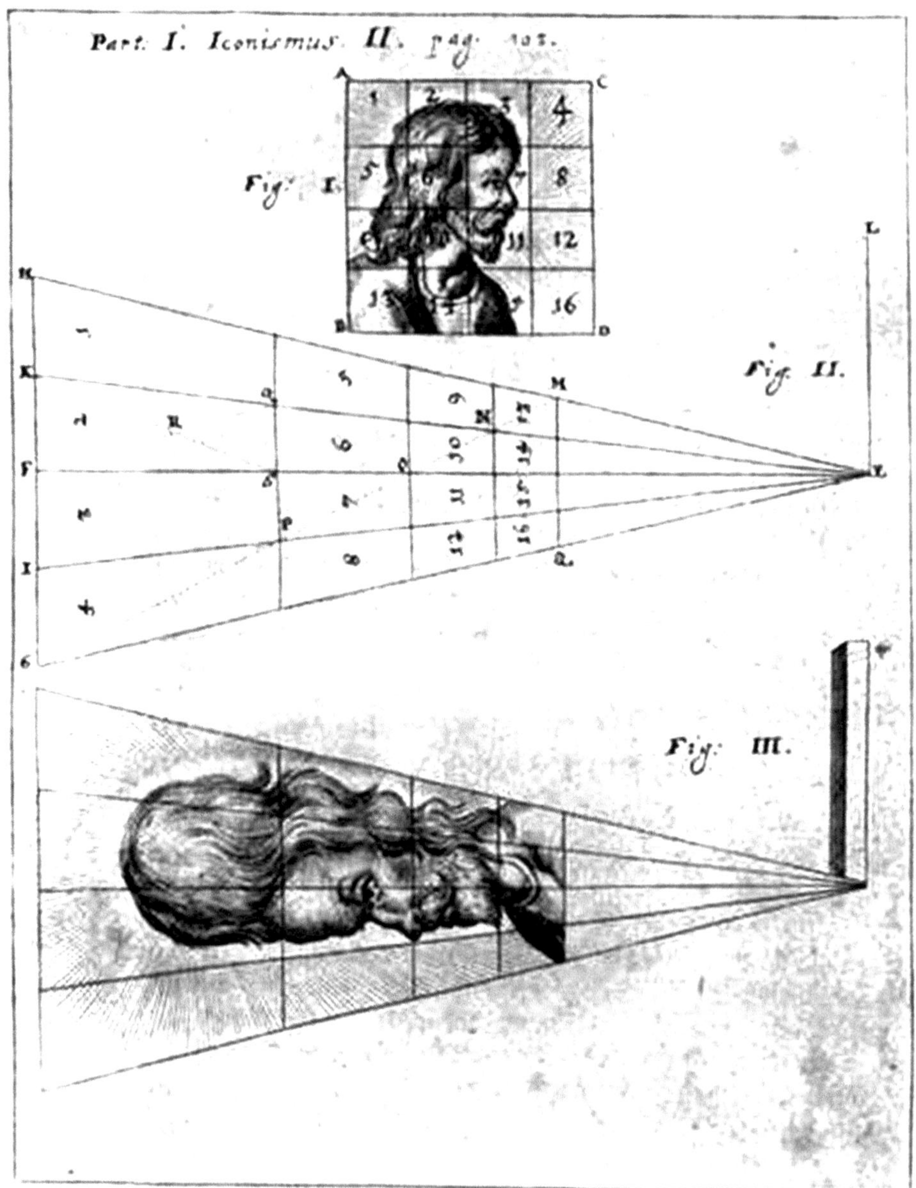

Abb. 4.24 Magia Anamorphotica [102]

binokular wahrgenommene Bild ist eine Mischung aller Perspektiven, die je nach Betrachtungsposition mehr oder minder offensichtlich und störend sind. Allerdings finden sich auch Bereiche, in denen das Bild ausgezeichnet ist und das gewünschte Bild ideal (oder jedenfalls ausreichend) separiert wird (z. B. Abb. 4.15 und 4.16). Diese optimalen Betrachtungspositionen (heute „sweet spots") können im Betrachtungsraum mehrfach vorkommen (z. B. beim Riefelbild 2-mal, beim Lamellenbild 3-mal).

Die Bilder der Überlagerungen ähneln denen, die uns als Interferenzmuster oder „fringe pattern" bekannt sind und als Überlagerung zweier Wellenmuster interpretiert werden können. Eine Überlagerung von Mustern wird aber üblicherweise als Moiré bezeichnet.

Eine weitergehende Betrachtung der Moiréeffekte in autostereoskopischen Displays ist in Abschnitt Abschn. 5.2.3 zu finden.

4.4.2 Parallaxbarriere

Von den Wechselbildern zur Parallaxbarriere und damit zur Autostereoskopie ist es nur ein kleiner Schritt. Die Präsentation unterschiedlicher Bilder für jedes einzelne Auge des Betrachters wäre prinzipiell auch mit der Riefel- oder Lamellentechnik möglich gewesen, ohne eine gewisse Kenntnis des binokularen Sehens ist diese Entwicklung allerdings kaum vorstellbar. So verwundert es nicht, dass der Wunsch des Sehens ohne Stereoskop erst mit der Verbreitung der Stereoskopie und der Erkenntnis der darin enthaltenen Limitierungen (in diesem Fall die Notwendigkeit der stereoskopischen Brille) entstand.

Analog zum Herstellungsprozess der Wechselbilder beschreibt Berthier 1896 einen Prozess zur Herstellung von zusammengesetzten Fotografien aus einzelnen Bildstreifen („Images stéréoscopiques de grand format" [103]; Abb. 4.25).

Als Grundlage dienen hier Perspektivbilder, die aus leicht unterschiedlichen Positionen aufgenommen sind. Diese Bilder werden in schmale Streifen zerteilt und abwechselnd nebeneinander montiert. Allerdings nutzt Berthier weder Prismenstäbe noch Lamellen zur Separation, sondern schlägt ein Streifenraster vor, das in einem definierten Abstand vor dem Bildraster platziert wird.

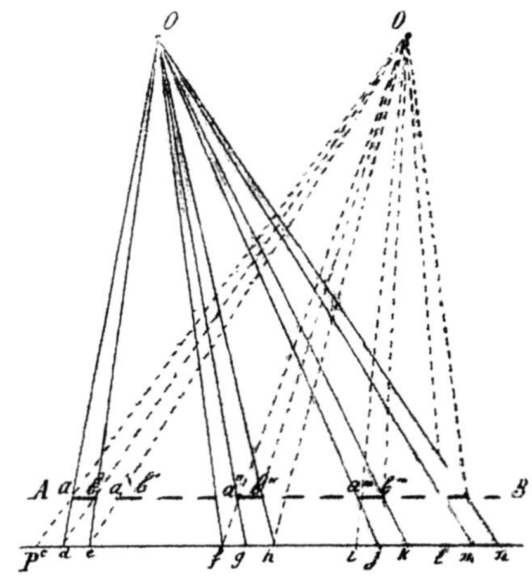

Abb. 4.25 Photographie en relief à réseau ligné [103, 104]

Abb. 4.26 „Parallax stereogram“ [107]

Einige Jahre nach Berthier (1901) modifiziert Ives sein „Kromolinoskop“ (Kromoskopkamera zur Aufnahme farbiger Bilder [105]) und findet dabei einen Weg, ein „Stereogram“ herzustellen, das ohne Brille betrachtbar ist. In der ersten Veröffentlichung seiner Idee „A Novel Stereogram“ [106], schlägt Ives auch gleich den Namen „parallax stereogram“ (Abb. 4.26) vor. Schon 1902 beschreibt Ives in einem Patent [107] dieses Parallaxbild detaillierter. Im Gegensatz zu Berthier stellt er dabei nicht nur die Wiedergabe, sondern auch die direkte Aufnahme des Rasterbildes mittels einer einfachen Stereokamera dar. Dabei wird ein Separationsraster in einem bestimmten Abstand vor dem fotografi-

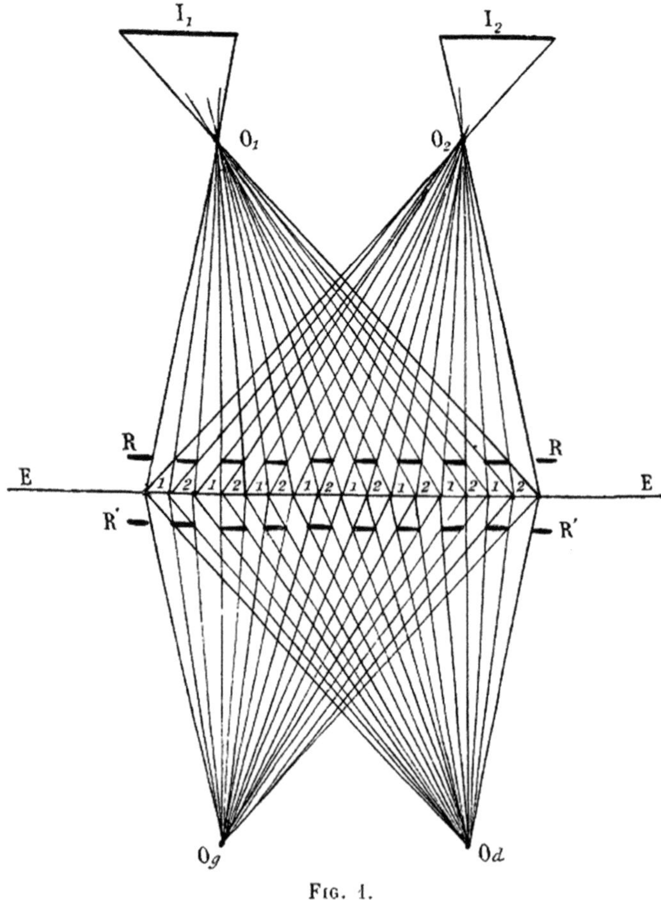

Abb. 4.27 Doppelrasterschirm zur autostereoskopischen Projektion [109]

schen Film montiert, wodurch die einzelnen Perspektivbilder unmittelbar gerastert werden und eine Nachbearbeitung der Aufnahme nicht mehr notwendig ist. Das Separationsraster (sowohl bei Aufnahme als auch bei Wiedergabe) ist hier ebenfalls ein Raster aus alternierenden opaken und transparenten Streifen.

Estanave verwendet 1908 in einem Patent die Bezeichnung „autostéréoscopique" [108], die noch heute geläufig ist. Er schlägt im gleichen Jahr die Verwendung des Rasterbildschirms zur autostereoskopischen Projektion vor (Abb. 4.27): „Écran stéréoscope à réseaux" [109].

In diesem Fall werden die auf das Raster projizierten Perspektivbilder durch das erste Separationsraster kombiniert, sodass auf einer zwischen den Rastern angeordneten Streuscheibe das Rasterbild entsteht. Ein zweites Separationsraster mit gleichem Rasterabstand und identischer Rasterweite ist vor der Streuscheibe in Richtung des Betrachters aufgebaut.

Dieser Bildschirm ist das erste Beispiel für ein autostereoskopisches Display und ist auch deshalb bemerkenswert, weil damit grundsätzlich schon damals Bewegtbilddarstellung und Großbildprojektion in 3D und ohne 3D-Brille möglich gewesen sind.

4.4.2.1 Dualview-Barriere

Für eine weitergehende Erläuterung wurde anhand der Skizzen von Berthier, Ives und Estanave eine Illustration (Abb. 4.28) erstellt, die neben den grundlegenden Elementen (Bildraster und Separationsraster) auch die zugehörigen Bezeichnungen enthält. Dabei wird zunächst nur die Wiedergabeseite (ab Bildraster) erläutert.

Ein Betrachter (Observer „O") befindet sich in der Betrachtungsentfernung a_{O} vor dem Bild, wobei die Augen des Betrachters auf das Bildraster R_{I} konvergieren. Ein Separationsraster R_{S} ist vor dem Bildraster montiert und ausgerichtet. Das Separationsraster besteht aus transparenten (lichtdurchlässigen) und opaken (lichtundurchlässigen) Streifen, wobei die Streifenbreite des Separationsrasters (Rasterweite $d_{\mathrm{R\,S}}$) üblicherweise eine Projektion der Projektion der Streifenbreite des Bildrasters (Rasterweite $d_{\mathrm{R\,I}}$) mit dem Projektionszentrum „C" ist. Das Projektionszentrum entspricht dem zyklopischen Betrachtungspunkt, der eine virtuelle Position zwischen den Augen des Betrachters definiert. Aus dieser Position sieht der (einäugige) Betrachter eine ideale (gleichwertige) Mischung beider Perspektivansichten. Die Augen des Betrachters sind jeweils um den halben Augenabstand zum zyklopischen Betrachtungspunkt versetzt. Die wahrgenommenen Bilder des linken und rechten Auges sind unter den Augen dargestellt. Es ist deutlich zu sehen, dass das linke Auge (rote Iris) überwiegend dasjenige Bild sieht, welches für das linke Auge bestimmt ist (in diesem Fall das rote Bild „L"). Das rechte Auge (blaue Iris) sieht dagegen überwiegend das Bild für das rechte Auge (blaues Bild „R").

Rasterweiten

Wenn die Anordnung von R_{I} und R_{S} aus einer anderen Position als aus dem Punkt „C" betrachtet wird, ist das Separationsraster keine ideale Projektion des Bildrasters mehr, und es können Anteile des für das andere Auge bestimmten Bildes gesehen werden. Dieses

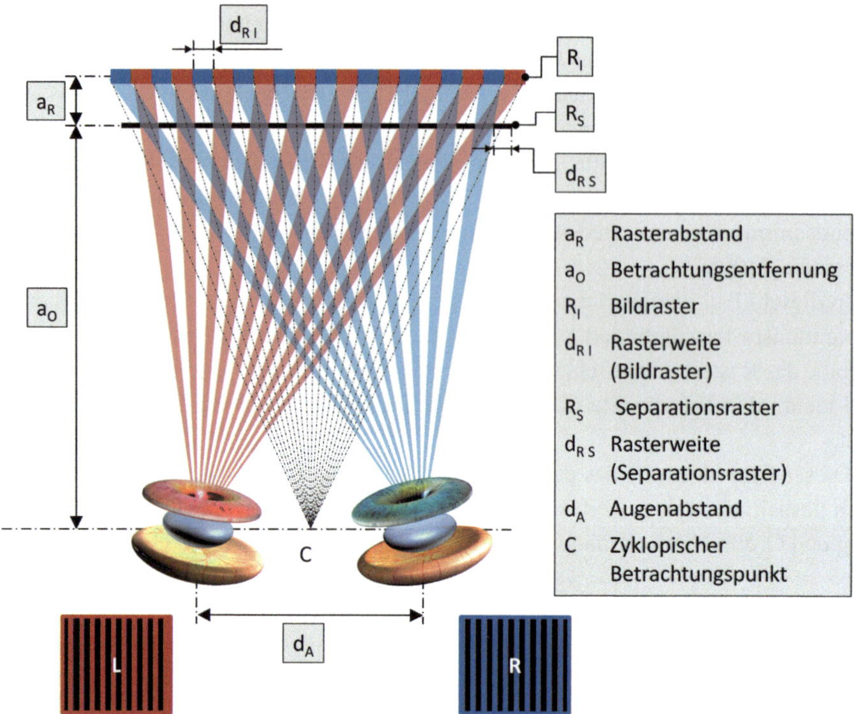

Abb. 4.28 Parallaxbild (nach Berthier und Ives)

Übersprechen (s. auch „Crosstalk" Abschn. 4.3.1.6) hat zur Folge, dass ein Bild nicht mehr optimal gesehen werden kann. Es ist unmittelbar einsichtig, dass eine Verkleinerung der offenen Bereiche zu einer Verbesserung der Kanaltrennung führt, aber in gleichem Maße die Helligkeit des Bildes verringern wird.

Wenn die Rasterweite des Bildrasters durch die Breite der Bildstreifen vorgegeben ist, errechnet sich die Rasterweite (Abb. 4.29) nach dem Strahlensatz mit $\frac{d_{\mathrm{RS}}}{a_{\mathrm{O}}} = \frac{d_{\mathrm{RI}}}{a_{\mathrm{O}}+a_{\mathrm{R}}}$.

Nach $d_{\mathrm{R\,S}}$ aufgelöst, folgt daraus:

$$d_{\mathrm{RS}} = d_{\mathrm{RI}} \frac{a_{\mathrm{O}}}{a_{\mathrm{O}} + a_{\mathrm{R}}}. \tag{4.11}$$

► **Definition** Die Rasterweite des Separationsrasters ist eine Verkleinerung der Rasterweite des Bildrasters um den Korrekturfaktor $\frac{a_{\mathrm{O}}}{a_{\mathrm{O}}+a_{\mathrm{R}}}$.

Die Rasterweite $d_{\mathrm{R\,S}}$ ist auch gleichzeitig der Maximalwert der transparenten Öffnungen. Zugunsten der Kanaltrennung (und damit zuungunsten der Bildhelligkeit) können die transparenten Bereiche verkleinert werden und als schmale Rasterschlitze in der Rasterweite $d_{\mathrm{R\,S}}$ auf dem Separationsraster angeordnet werden.

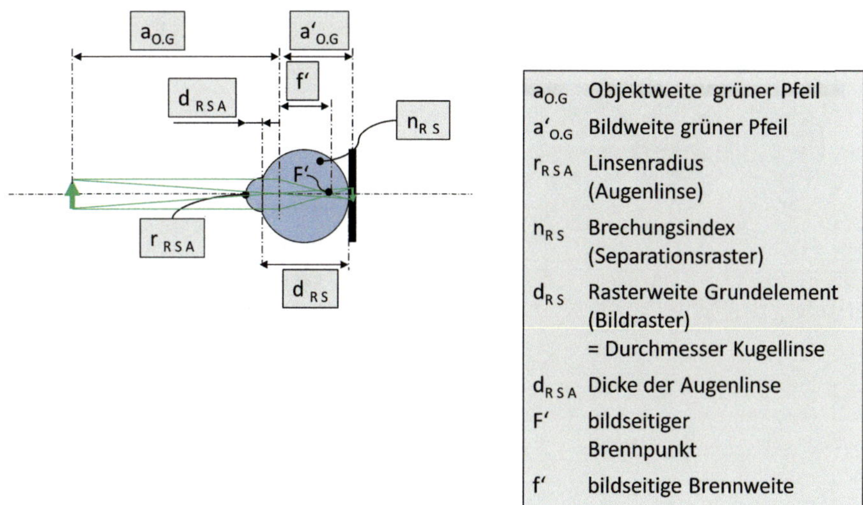

Abb. 4.61 Kugellinse mit Augenlinse. (nach Scientific American)

Wenn sich die Kugellinse in Luft befindet, hängt die Objekt- und Bildweite über die Abbildungsgleichung für eine brechende Kugelfläche mit dem Linsenradius der Augen wie folgt zusammen:

$$\frac{n_{\mathrm{RS}} - 1}{r_{\mathrm{RSA}}} = \left(\frac{1}{a_{\mathrm{O.G}}} + \frac{n_{\mathrm{RS}}}{a'_{\mathrm{O.G}}} \right). \tag{4.33}$$

Wenn die Filmebene mit der Bildebene zusammenfallen soll, muss die Bildweite in der Abbildungsgleichung mit der Summe aus dem Durchmesser der Kugellinse d_{RS} und der Dicke der Augenlinse $d_{\mathrm{RS\,A}}$ identisch sein. Durch Einsetzen von Gl. 4.32 in Gl. 4.33 ist unmittelbar zu sehen, dass bei einer geringen Differenz von Objektbrennweite und Bildweite die Objektweite hoch wird.

$$\frac{1}{a_{\mathrm{O.G}}} = \frac{1}{f'} - \frac{n_{\mathrm{RS}}}{a'_{\mathrm{O.G}}} \tag{4.34}$$

Um eine realistische Aufnahmeentfernung zu erreichen, muss die Objektbrennweite in etwa dem Verhältnis von Bildweite und Brechungsindex entsprechen, wobei dieses Verhältnis immer größer sein muss als die Objektbrennweite.

Im Lippmann-Raster ergibt sich nun bei einem Brechungsindex von $n_{\mathrm{RS}} = 1{,}5$ und einer Bildbrennweite f' von 0,25 mm (dem Kugellinsendurchmesser) nach Gl. 4.31 ein Flächenradius der Augenlinse Radius von ca. 0,08 mm, was mit der Zeichnung von *Scientific American* recht gut übereinstimmt (Augenlinsendurchmesser etwa ein Drittel des Kugellinsendurchmessers).

In Abb. 4.62 ist die Aufnahme durch einen solchen Integralfilm dargestellt.

Das Objekt ist ein grüner Pfeil, der vor dem Integralfilm platziert wurde. Jede einzelne Integrallinse nimmt nun ein verkleinertes, seiten- und höhenvertauschtes Bild auf, das auf

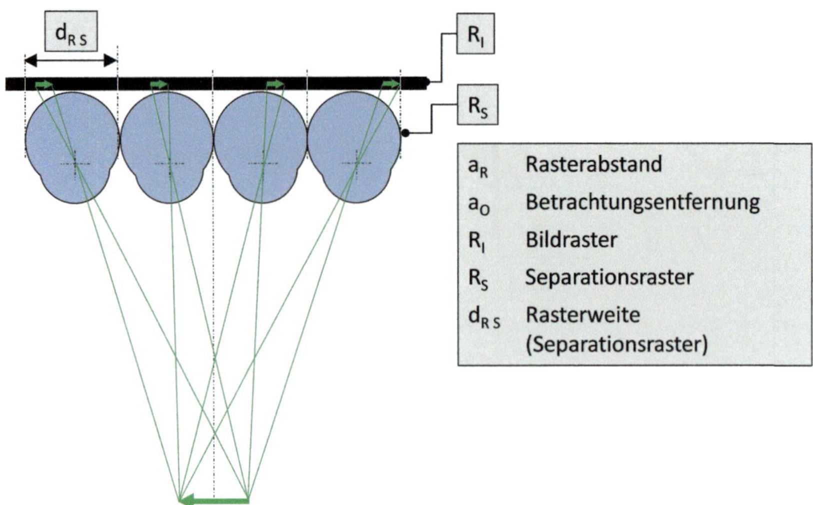

Abb. 4.62 Aufnahme einer Integralfotografie

dem Bildraster direkt unter der Linse an einer jeweils etwas anderen Position dargestellt wird. Die Augenlinsen der Integrallinsen wirken bei der Aufnahme als Öffnungsblende, was für eine höhere Schärfentiefe in der Abbildung sorgt. Die einzelnen Linsen zeichnen jeweils einen etwas anderen Ausschnitt der Szene (hier des Pfeils) auf, sodass die Position des Pfeils sich in Abhängigkeit von der aufzeichnenden Linse im einzelnen Elementarbild verschiebt.

Bei der Wiedergabe des Bildes sorgen die gleichen Linsen für eine Umkehr des Elementarbildes, das nun wieder seitenrichtig dargestellt wird (Abb. 4.63).

Auf dem Film (schwarz) sind die Elementarbilder des Objektes (grüner Pfeil) abgebildet. Im Bild sieht das linke Auge (rot) einen etwas anderen Ausschnitt des Films als das rechte Auge (blau).

Allerdings tritt hierbei ein Problem auf – das Bild ist pseudoskopisch dargestellt, die Tiefe ist invertiert. Das ist in Abb. 4.64 veranschaulicht.

Während der Aufnahme befindet sich das blaue Objekt dichter am Linsenraster als das rote Objekt. Bei der Betrachtung sieht der Betrachter aber das Objekt nicht von der Position des Linsenrasters aus, sondern von der gegenüberliegenden Seite. Dadurch sind die abgebildeten Punkte in der Anordnung links und rechts seitenvertauscht.

Von Lippmann selbst sind keine Ansätze zur pseudoskopischen Korrektur bekannt, jedoch hat H. Ives 1931 in einem Artikel die optischen Eigenschaften eines „Lippmann lenticulated sheet" untersucht [137] und die pseudoskopische Abbildung als Problem erkannt. Ives hat auch hierzu eine Lösung erarbeitet, die er in einem Patent offenlegt [138]. Dabei werden die Einzelbilder mittels einer optischen Abbildung gegenüber dem Lippmann-Verfahren invertiert abgebildet.

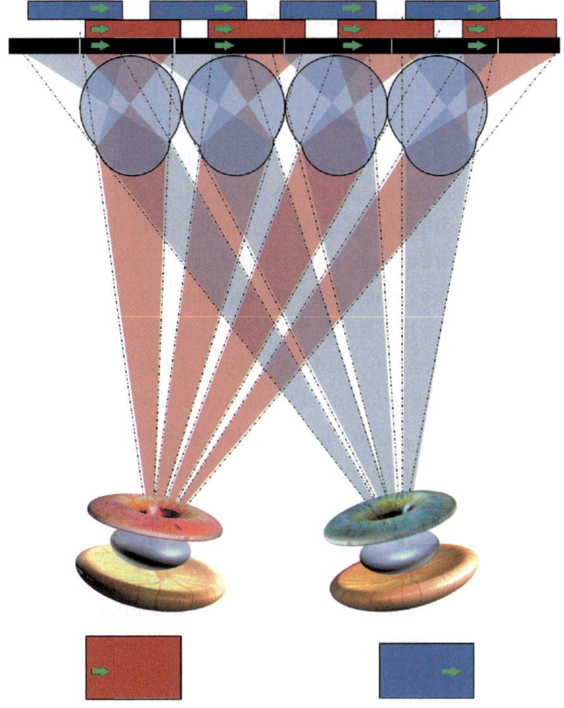

Abb. 4.63 Wiedergabe einer Integralfotografie

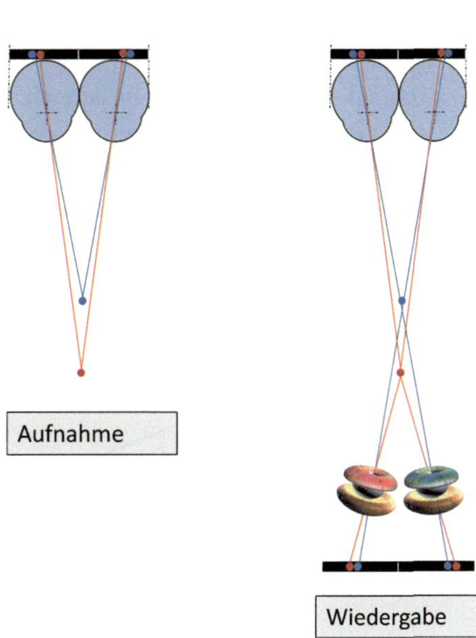

Abb. 4.64 Pseudoskopische Darstellung bei der Integralfotografie

4.4.3.2 Lentikularlinsen

Joly verwendete 1896 sog. Levy-Raster zur Projektion verschiedener Farbkanäle auf eine Farbrasterplatte, um ein vollfarbiges Bild zu erzeugen [139]. Die Löcher des Levy-Rasters wirken dabei wie eine Lochkamera, sodass eine optische Abbildung durch gerichtete Projektion möglich ist. Die generelle Funktionsweise eines Rasters als Pinhole-Array wurde etwa zur gleichen Zeit von M. Levy und F. E. Ives ausgeführt [140] und lieferte den Nachweis des Einflusses der Beugung während der Herstellung von Halbtonbildern. Prinzipiell ist ein Lochraster die einfachste Form eines Linsenrasters, wenn man die Öffnung als den zentralen Ring einer Zonenplatte betrachtet (Abschn. 4.4.2.3).

Spätestens mit Berthons Veröffentlichung „Verfahren zur Herstellung von mehrfarbig wiederzugebenden Bildern" [141] 1908 werden „echte", lineare Zylinderlinsen in der Farbfotografie bekannt. Die im englischsprachigen Patent (1909 [142]) dazu gegebene Beschreibung „... a plate or film with hemispherical, transparent; refractive protuberances ..." ist sicherlich nur für den Fachmann unmissverständlich. Friedmann gibt in seiner „History of color photography" [143] im Kapitel „The lenticular process" eine verständliche Darstellung der Funktionsweise.

In Abb. 4.65 sind die Einzelbilder (hier die Grundfarben Rot, Grün und Blau) unter der Linse dargestellt, die durch die über dem Bildraster befindlichen Linsen in den Betrachtungsraum projiziert werden. Ersetzt man die Bilder der Farbkanäle durch Perspektivansichten, erhält man unmittelbar ein Linsenrasterbild nach heutiger Machart.

Der Schweizer Hess offenbart in seiner Patentschrift [145] schon im Jahr 1912 ein Linsenrasterbild, das ohne Hilfsmittel direkt stereoskopisch betrachtbar ist (Abb. 4.66). Der Aufbau der Zylinderlinsen entspricht denen späterer und sogar heutiger Lentikulare.

Aus der Schrift geht hervor, dass ihm bereits Ives' „Parallax Stereogram" bekannt war. In der Schweizer Anmeldung [146] erwähnt er auch die Lippmann-Linsen. Obgleich Hess ein auf seiner Erfindung basierendes Unternehmen gründete (die Stereo-Photographie AG) und einige Zeit lang stereoskopische Bilder produzierte [27, 145], hielt sich sein Bekanntheitsgrad außerhalb der Schweiz in Grenzen. Offensichtlich geriet seine Erfindung in Vergessenheit: Weder Kanolt noch Ives scheint seine Idee bekannt gewesen zu sein.

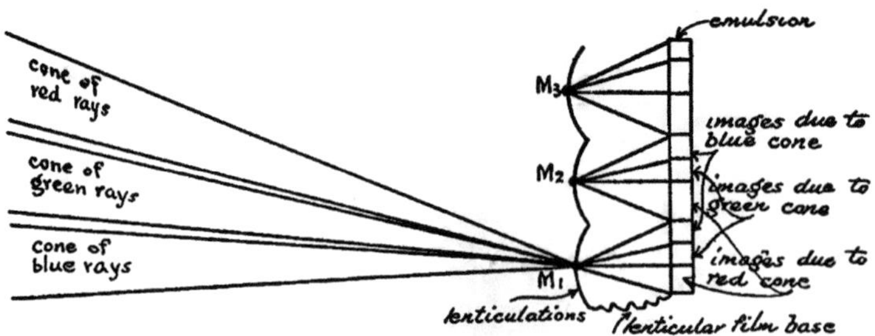

Abb. 4.65 Rekonstruktion der Farbzonen an Berthons Linsenraster [143]

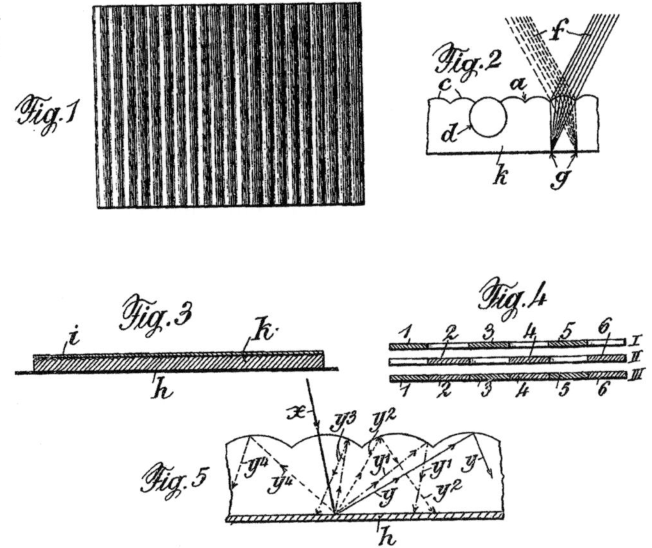

Abb. 4.66 „Unmittelbar wirkendes Stereoskopbild“ [145]

Erst etwa ab 1930 werden diese zylinderförmigen Linsen wieder für die Erzeugung von stereoskopischen Bildern genutzt. Kanolt beschreibt u. a. die Verwendung von „ribbed lenses“ [147], die er noch im gleichen Jahr als „lenticular“ bezeichnet [148]:

> Instead of the lined screen ..., a screen may ... [have] on its front face a number of vertical magnifying ribs. These ribs may also be described as lenticular.

Auch H. Ives nutzt zur gleichen Zeit „lenticular screens“ zur stereoskopischen Projektion [149], aber auch in seinen Panoramagrammen [150]. Es sei darauf hingewiesen, dass Linsenraster zu dieser Zeit durchaus ein verbreitetes Instrument bei der Erstellung von Farbbildern waren. Beispielhaft sei hier auf ein Patent von Eggert und Heymer (IG Farben 1928, [151]) hingewiesen, das den eindeutigen Titel „Verfahren zur Herstellung von Filmen mit lichtbrechenden Elementen“ trägt.

Die Nutzung dieser verfügbaren Technologie für die Autostereoskopie war damals sicherlich naheliegend. Das gilt ganz besonders für Erfinder wie Kanolt und Ives, die sich sowohl mit der Fotografie als auch mit der Stereoskopie beschäftigten.

Mitunter wird der Amerikaner Douglas Fredwill Winnek Coffey als Erfinder der Lentikularfotografie genannt (z. B. Johnston [152, S. 220]). Unbestritten ist, dass er zu den Pionieren der Raumbildtechnik gehörte. Ein erstes Linsenrasterpatent datiert auf 1931 [153], eine praktische Umsetzung findet sich in seinem Patent von 1935 [154], in dem er auch die Bezeichnung „composite stereograph“ verwendet.

Interessant ist aber eine spätere Anmeldung [155], die er unter dem Namen Douglas F. Winnek einreicht. Darin beschreibt er insbesondere auch eine schräge Linsenanordnung, um die Moiréeffekte zu verringern.

Hintergrundinformationen

Es besteht kein Zweifel, dass es sich dabei um die gleiche Person handelt. In [155] verweist er auf „my United States Patent No. 2,562,077“ [156], in dem er sich bereits Douglas F. Winnek nennt. Darin verweist er auf „my prior Patent No. 2,063,985“ [154], in dem er noch den Namen Douglas Fredwill Winnek Coffey trägt.

In den folgenden Jahrzehnten produzierten verschiedene Unternehmen (z. B. Toppan oder VariVue) Linsenrasterbilder als 3D- oder „Wackelbilder“ in größeren Auflagen, oft mit religiösen oder anzüglichen Motiven.

Bekannt geworden ist die stereoskopische Kamera (z. B. [157]) des Erfinderteams Jerry Curtis Nims und Auen Kwok Wah Lo, die unter dem Handelsnamen Nimslo als vieräugige Amateurkamera vertrieben wurde. Die Bilder der Nimslo-Kamera wurden auf speziellen Belichtern auf mit Lentikularen versehenem Fotomaterial ausgegeben.

4.4.3.3 Linsenrasterbildschirme

Seit Beginn des Televisionszeitalters werden Linsenraster auch in Verbindung mit Bildschirmen genutzt. Obgleich immer wieder auch prototypische Lösungen für Bildröhren vorgestellt wurden, wurden autostereoskopische Linsenrasterschirme erst mit Beginn der Flachdisplaytechnik einem breiteren Publikum bekannt.

Am Berliner Heinrich-Hertz-Institut (HHI) war es v. a. Börner, der sich neben der autostereoskopischen Großbildprojektion auch mit flachen Bildschirmen und Zylinderlinsenrasterplatten beschäftigte. Ein besonders durchdachter Bildschirm ist in einer Patentschrift von 1989 vorgestellt [158]. Dabei ist u. a. vorgesehen, das gesamte Linsenraster so zu deformieren („curved“), dass sich für einen Betrachter eine optimale 3D-Position ergibt. Dabei bleibt die Rasterweite der Grundelemente im Bildraster gleich (die durch die Pixel der Anzeige vorgegeben ist), die Rasterweite der Grundelemente des Separationsrasters und deren Rasterabstand ändern sich jedoch. Wie bei allen positionsangepassten Systemen ist die Betrachtungsqualität im optimalen Punkt ausgezeichnet, mit zunehmender exzentrischer Positionierung des Betrachters verschlechtert sich aber auch der 3D-Eindruck.

Die Multiview-Entwicklung Börners wurde nach den 1990er-Jahren zunächst nicht weiterverfolgt. Aufgrund der höheren Qualität zweikanaliger Systeme hinsichtlich Auflösung und Kanaltrennung wurde insbesondere der Ansatz zur Betrachterverfolgung (Eye- oder Head-Tracking) vertieft. Dazu werden die Augen- oder Kopfposition eines Betrachters kontinuierlich und das Bild- oder Separationsraster des Bildschirms der entsprechenden Position angepasst.

Hintergrundinformationen

Eine besonders ausgefallene Tracking-Anordnung wurde dem Autor Ende der 1990er-Jahre am HHI vorgeführt. Dabei war der 3D-Bildschirm fest auf einem Roboterarm installiert und folgte der Position des Betrachters. Unabhängig von der Kopfbewegung oder -drehung hatte man so immer den Bildschirm in gleichem Abstand „unausweichlich“ vor sich.

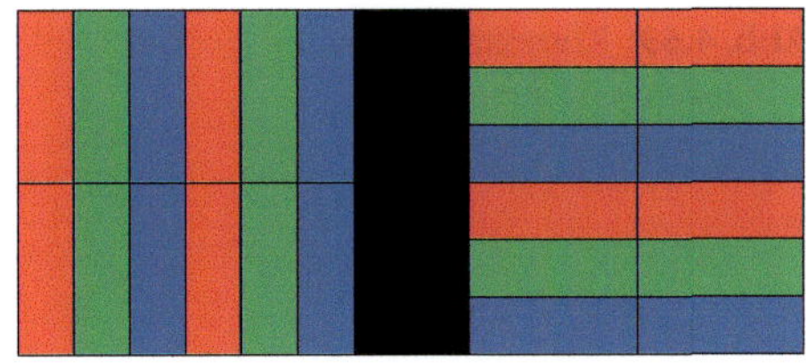

Abb. 4.67 Subpixelanordnung im Free2C

Über viele Jahre hat das HHI ein stationäres 3D-Display unter dem Namen „Free2C" propagiert. Bei diesem 3D-Bildschirm ist das Display hochkant eingebaut, die horizontale Auflösung somit geringer als die vertikale. Die Begründung für diese Drehung liegt in der Pixelstruktur begründet. In einem üblichen LCD ist ein Pixel aus 3 RGB-Subpixeln gebildet, die nebeneinander angeordnet sind. Dadurch sind gleichartige Farbfilter übereinander angeordnet, die Farbfilterung erfolgt also spaltenweise (Abb. 4.67 links). Bei einer Drehung um 90° sind die Farbstreifen dagegen zeilenweise (Abb. 4.67 rechts).

Die Auflösung des Displays beträgt nach Angaben des HHI 1200 × 1600 Pixel, die nutzbare Bildgröße 324 × 432 mm und der Linsenabstand 0,54 mm [159]. Legt man nun eine senkrechte Zylinderlinse (die eine Breite von 3 Subpixeln hat) vor das Bildraster, so vergrößert jede Linse den darunter liegenden Subpixel, sodass nur noch eine Farbe pro Auge wahrgenommen wird.

In Abb. 4.68 ist der Zusammenhang illustriert. Hier ist der Betrachter so positioniert, dass er mit einem Auge das gesamt Bild grün wahrnimmt, mit dem anderen einen benachbarten Subpixel (z. B. Blau).

Bei Drehung des Bildrasters ergibt sich eine deutlich bessere Farbanordnung (Abb. 4.69).

Zwar werden die Subpixel auch hier horizontal vergrößert, erzeugen aber wegen der horizontalen Lage der Subpixel keinen Farbfehler.

Durch das Headtracking wird der Betrachtungsraum des Displays vergrößert (Tab. 4.1). Nach Gl. 4.22 errechnet sich die orthoskopische Breite ohne Tracking mit

$$d_{\mathrm{orth}} = d_{\mathrm{A}}(n_{\mathrm{V}} - 1),$$

Abb. 4.68 Farbvergrößerung bei normaler Displayausrichtung

Abb. 4.69 Korrekte Farbabbildung durch Drehung des Bildrasters

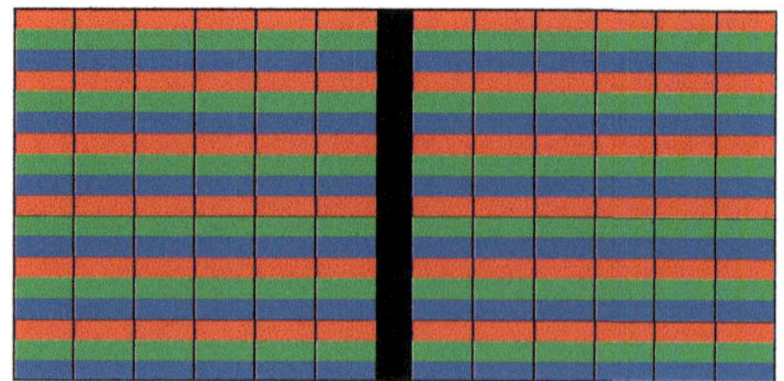

wodurch beim Free2C mit $n_\nu = 2$ die orthoskopische Breite gleich dem Augenabstand ist (63,5 mm). Die kürzeste Betrachtungsentfernung wird gemäß Gl. 4.16 ermittelt.

$$a_{\mathrm{O\,min}} = \frac{a_{\mathrm{O}}}{\frac{d_{\mathrm{orth}}}{d_{\mathrm{B}}} + 1}$$

Die optimale Betrachtungsentfernung a_O beträgt laut Datenblatt 700 mm, die Bildschirmbreite d_B 324 mm. Damit sind alle Werte bekannt. Der Nahpunkt wird demnach 585 mm vor dem Display sein. Der Fernpunkt, also die maximale Betrachtungsentfernung, berechnet sich gemäß Gl. 4.17

$$a_{\mathrm{O\,max}} = \frac{a_{\mathrm{O}}}{1 - \frac{d_{\mathrm{orth}}}{d_{\mathrm{B}}}}$$

zu 870 mm.

In Kenntnis der Börner-Entwicklung beschreibt Allio ein Multiview-System, bei dem die Perspektivbilder bereits auf Ebene der Subpixel kombiniert sind [160], was die Wahrnehmbarkeit der Linsenstruktur verringert und die Auflösung erhöht (weitere Informationen zum Subpixel-Interlacing finden sich bereits in Abschn. 4.4.2.4). Um die Moirés zu verringern, schlägt Allio später eine Verdrehung des Separationsrasters gegenüber dem Bildraster vor [161]. Das Unternehmen Alioscopy stellt diese Art von Linsenrasterbildschirmen nach wie vor her.

Eine schräge Anordnung nutzt auch van Berkel (Philips). Das Linsenraster wird auch hier um einen bestimmten Winkel gedreht und die Bildanordnung entsprechend angepasst [162]. Die Philips-3D-LCDs profitierten anfänglich stark vom Vorhandensein einer eigenen Lentikularproduktion, die noch aus der Herstellung großformatiger Streuscheiben für Rückprojektionsfernseher herrührte. Derzeit werden die 3D-Monitore von einer Philips-Ausgründung (Dimenco) produziert.

Tab. 4.1 Free2C mit und ohne Tracking

	Ohne Tracking (mm)	Mit Tracking (mm)
d_{orth}	63,5	650
$a_{\mathrm{O\,min}}$	585	450
$a_{\mathrm{O\,max}}$	870	1100

Der Vergleich zeigt die Vergrößerung des Betrachtungsraumes durch das Tracking

Die Firma Stereographics produzierte bis zur Übernahme durch Real-D ebenfalls Linsenrasterbildschirme. Wie bei Allio und van Berkel wurde die Kombination der Perspektivansichten ebenfalls auf Subpixelebene durchgeführt, wobei Lipton dieses Interlacing als „Interzigging" bezeichnete [163]. Interessanterweise führte Lipton im gleichen Papier die Schrägstellung seines Rasters auf Winnek/Coffey zurück, was auch der Abgrenzung zu van Berkel diente (der nach Angabe von Lipton Winneks Patent nicht kannte).

Bekannt geworden sind auch die autostereoskopischen 3D-Bildschirme von Toshiba (Modell 55ZL2G), die für den privaten Haushalt angeboten wurden. In der Bedienungsanleitung ist die native Auflösung als Quad HD mit 3840 × 2160 Pixeln angegeben [164]. Das Gerät wurde 2012 von Seibt [165] mit großem Sachverstand getestet. So teilt Seibt noch weitere Details mit, die den offiziellen Toshiba-Dokumenten nicht zu entnehmen sind. Es ist zu erfahren, dass Toshiba 9 Ansichten in einem 3 × 3 Pixel großen Raster einsetzt, wodurch sich sowohl die horizontale als auch die vertikale Auflösung entsprechend verringern. In einem anderen Bericht von der IFA hatte der Reporter Rampacher Zugriff auf eine Toshiba-Präsentation, die er offenlegt [166]. Darin ist unter anderem angegeben, dass die Betrachtungszonen im Betrachtungsraum die Breite eines Augenabstands d_A haben. Mit $d_A = 63{,}5$ mm, $n_\nu = 9$ folgt daraus $d_{orth} = d_A(n_V - 1) = 805$ mm. Da zusätzlich zum vergrößerten Betrachtungsraum Multiview ein (einmaliges) Tracking der Betrachter erfolgen kann, erhöht sich der orthoskopische Betrachtungsraum gemäß Handbuch [164] auf 2–5 m in einem Winkel von $\pm 28°$. In der empfohlenen Betrachtungsentfernung von 2,2 m ist das immerhin ein Bereich von $\pm > 1$ m. Interessant ist hierbei zu sehen, dass Toshiba vorsieht, die Betrachter auch lateral in einem bestimmten Abstand zu platzieren, da das Tracking nicht kontinuierlich erfolgt, sondern durch die Zuschauer jeweils auf deren aktuelle Position abgestimmt werden kann.

Schon dieser kurzen Zusammenstellung einiger 3D-Systeme lässt sich eine gewisse Vielfalt in der Technik erkennen, aber auch die gemeinsame Basis. Aus den verschiedenen Beschreibungen lässt sich die allgemeine Neigung nach Verheimlichung der einfachsten Grundlagen und Überhöhung der eigenen technischen Finesse erkennen, die immer dann dominierend wird, je wahrscheinlicher ein potenzieller Markteintritt bevorsteht. Betrachtet man jedoch den allgemeinen Aufbau und die technische Funktion, so lassen sich doch alle Linsenrasterbildschirme auf eine gemeinsame Grundlage zurückführen (Abb. 4.70).

Grundsätzlich bestehen auch linsenbasierte Systeme nur aus 2 Elementen; dem Bildraster R_I und dem Separationsraster R_S. Das Linsenraster sitzt in einem Rasterabstand a_R vor dem Bild. Der Rasterabstand wird von der bildrasterseitigen Hauptebene einer Einzellinse oder näherungsweise vom Rand der optisch wirksamen Fläche mit dem Radius d_{RI} des Grundelementes des Separationsrasters bis zum Bildraster bestimmt. Die Rasterweite eines Grundelementes des Bildrasters d_{RI} wird in der Regel gegeben sein, da diese durch die Pixelgröße des darunterliegenden Bildschirms festgelegt ist. Das Linsenraster ist aus einem transparenten Material mit dem Brechungsindex $n_{R\,S}$ gefertigt, wobei der Rasterabstand a_R gleich der Randdicke der Plankonvexlinse ist. Die Brennweite der Linse

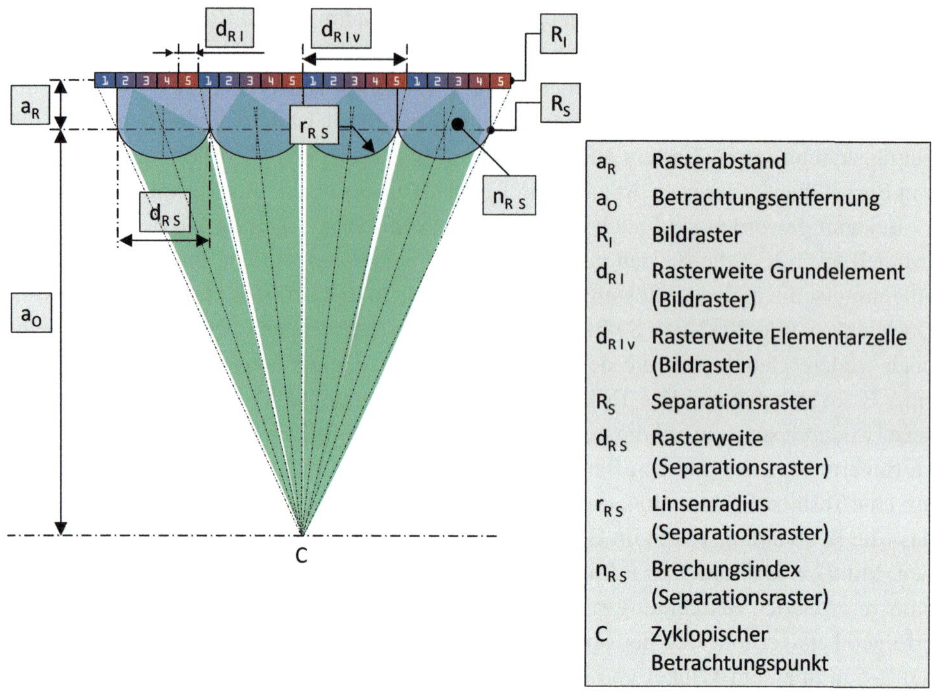

Abb. 4.70 Allgemeines Multiview-Linsenraster

berechnet sich nach Gl. 4.31

$$f' = \frac{n_{RS} \cdot r_{RSA}}{n_{RS} - 1}.$$

Bei der Verwendung von transparenten Kunstoffen oder Gläsern wird der Brechungsindex in der Nähe von $n_{RS} = 1{,}5$ liegen. Damit vereinfacht sich die Gleichung, und für eine Abschätzung der Bildbrennweite genügt $f' = 3 \cdot r_{RS\,A}$.

Im Gegensatz zu den fotografischen Linsenrastern, bei denen die Aufnahme und Wiedergabe durch das gleiche Linsenraster erfolgte, sind in den Linsenrasterbildschirmen Aufnahme und Wiedergabe voneinander getrennt. Damit ist der Bildschirm nur für die Wiedergabe zuständig, die Aufnahme muss bei der Dimensionierung nicht betrachtet werden. Die Funktion eines lentikularen Linsenrasters ist immer dann gegeben, wenn ein Grundelement des Bildrasters durch eine Linse mindestens so vergrößert wird, dass es aus jedem Betrachtungsabstand die Linse vollständig ausfüllt. Wenn also ein Grundelement des Bildrasters nur ein Zehntel des Grundelementes des Bildrasters misst, so muss es eben um den Faktor 10 vergrößert werden. Daher liegt die Brennweite des Linsenrasters in der Regel in der Ebene des Bildrasters.

Die Dimensionierung des Linsenrasters ist auch hier nur für eine bestimmte Position ideal, Rasterweite (siehe Gl. 4.11) und Rasterabstand (siehe Gl. 4.12) berechnen sich identisch zu der Betrachtung der Parallaxbarriere (Abschn. 4.4.2.1).

Beim Design eines 3D-Displays ist es nicht immer möglich, das Linsenraster direkt auf die Pixelschicht zu montieren. Üblicherweise ist die oberste Schicht eines LC-Displays die Schutzfolie des Polarisators, der direkt auf das Deckglas kaschiert ist. In diesem Fall muss die Brennweite verlängert oder das Linsenraster kann gedreht werden. Eine Drehung des Linsenrasters ist in Abb. 4.71 dargestellt.

Die Zeichnung ist nur illustrativ, auf die korrekte Darstellung des Lichtweges und der Brechung an den Grenzflächen wurde in diesem Bild verzichtet. Die Verfolgung des Lichtweges ist jedoch bei dicken Platten von Bedeutung, wie Abb. 4.72 zeigt.

Dabei sind nun in den Lichtweg 2 planparallele Platten eingebracht, durch die der Betrachter auf den tatsächlichen Pixel sieht. Diese Platten können beispielsweise die Trägerplatte des Separationsrasters und die Deckplatte des Bildrasters sein.

Im Bild sieht man die Verschiebung des ungebrochenen Lichtstrahles gegenüber dem gebrochenen Strahl. Im 3-dimensionalen Raum gilt diese Verschiebung gleichermaßen in *x*- und *y*-Richtung. Die Stärke des Versatzes ist abhängig vom Einfallswinkel (dem Betrachtungspunkt). Berechnet man den zyklopischen Betrachtungspunkt ohne Planplatten, wird der tatsächliche Betrachtungspunkt im realen Resultat etwas weiter von dem Bildschirm entfernt sein – je schräger die Sicht auf das Display ist, umso mehr.

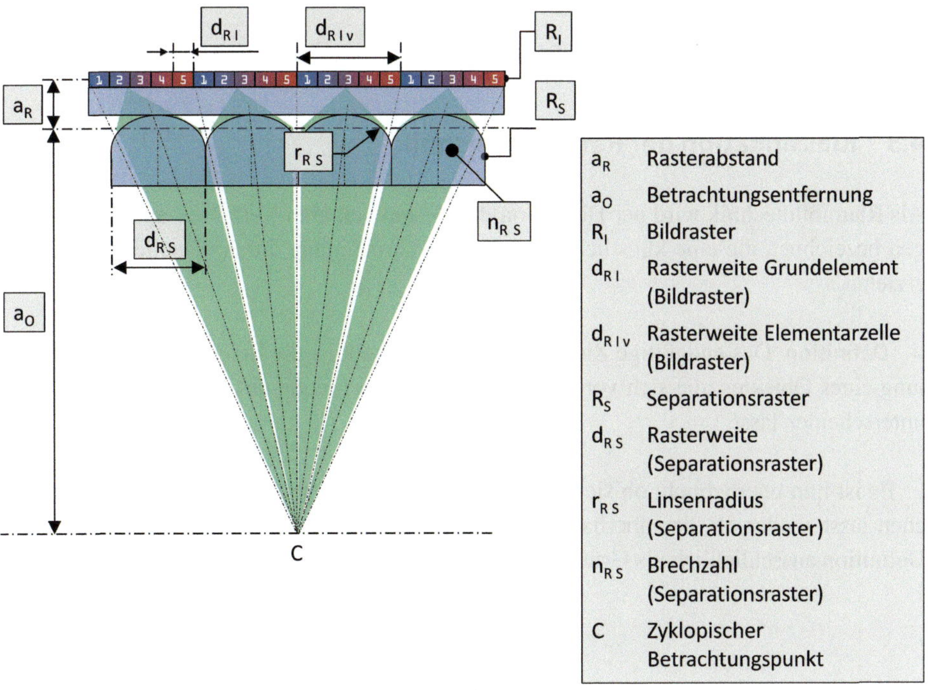

Abb. 4.71 Gedrehtes Linsenraster

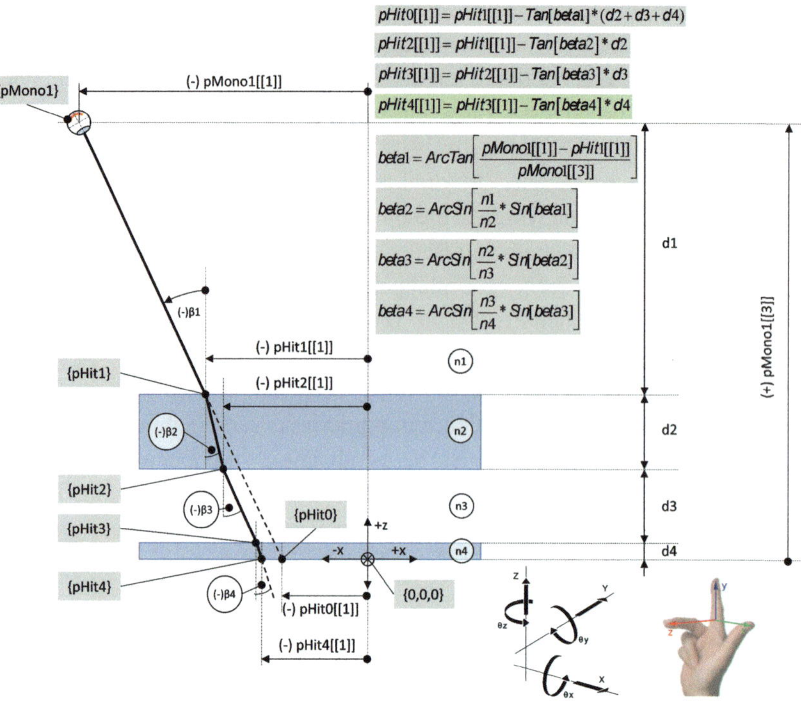

Abb. 4.72 Lichtweg durch 2 planparallele Platten

4.5 Klassifikation der Raumbildtechnik

Als Raumbildtechnik wird per Definition die Gesamtheit aller Verfahren und Vorrichtungen bezeichnet, die eine künstliche räumliche Wahrnehmung durch visuelle Stimulation erzielen.

► **Definition** Das endgültige Ziel der Raumbildtechnik ist die Erzeugung einer Darstellung eines Objektes, die sich von der visuellen Wahrnehmung des realen Objektes nicht unterscheiden lässt.

Es ist nun unerheblich, ob sich diese Lem-Vision der Phantomatik letztendlich erreichen lässt – oder ob dies überhaupt wünschenswert ist. In dieser Aufstellung dient die Definition ausschließlich als Grundlage einer Klassifikation.

4.5.1 Reale Existenz

Die Raumbildtechnik gliedert sich in 2 Bereiche. Eine Möglichkeit der Nachbildung eines wirklichen Objektes ist die faktische Nachbildung des Objektes selbst, was die „reale Existenz" eines neuen Objektes zur Folge hat. Dabei ist es zunächst gleichgültig, wie diese Existenz erzeugt wird.

Setzt man einen realen Raum aus einzelnen Rasterpunkten zusammen, so müssen diese Rasterpunkte in einem 3-dimensionalen Gitter angeordnet sein. Die Entsprechung eines Pixels in einem rasterbasierenden 3D-Raum ist ein Volumenpixel (Voxel). Jedes 3-dimensionale Objekt lässt sich in eine Vielzahl von Voxeln zerlegen, wobei deren Anzahl von der Auflösung des 3D-Objektes abhängt.

Das Betrachten eines realen Objektes erzeugt die gleichen Reize wie das reale Sehen, was zu einer identischen Wahrnehmung führt. Auf ein reales Objekt kann ohne Weiteres akkommodiert und konvergiert werden, die Bewegungsparallaxe entspricht der Erwartung, eine 3D-Brille wird nicht benötigt.

Plastische Reproduktion

Im einfachsten Fall handelt es sich bei einer plastischen Reproduktion um eine physikalische Nachbildung eines realen Objektes. Diese räumliche Kopie kann das Werk eines Bildhauers oder eines 3D-Druckers sein. In der Architektur oder im Schiffbau sind Reproduktionen häufig die verkleinerten Modelle realer und virtueller Objekte.

Ein plastisches Objekt kann aber auch aus Mustern oder Punkten im Inneren eines Mediums (z. B. Glas) bestehen, die beispielsweise durch einen Laser „eingebrannt" wurden (Glasinnengravur).

Holografie

Bei der Holografie versucht man, die vom Objekt remittierten Lichtwellen so aufzunehmen, dass diese bei der Rekonstruktion wieder vollständig erzeugt werden können. Dazu wird die kohärente Lichtquelle in Objektwelle (zur Objektbeleuchtung) und Referenzwelle geteilt. Die Referenzwelle wird direkt auf den holografischen Film geleitet und dort mit der von dem Objekt remittierten Lichtwelle überlagert. Dabei bilden sich Interferenzen, die vom Film als Interferenzmuster aufgezeichnet werden. Bei Überlagerung des Interferenzmusters mit der Referenzwelle wird die Objektwelle rekonstruiert, was zu einer vollständigen Rekonstruktion des Objektes führt.

Volumenprojektion

Eine Volumenprojektion wiederum ist eine Darstellung eines 3D-Objektes durch Projektion auf eine 3-dimensionale Projektionsfläche. Als Projektionsflächen kommen dabei Rotationsvolumenkörper (rotierende 2D- oder 3D-Flächen), remittierende oder anregbare Medien (Flüssigkeiten, Gas oder solide Körper) und sogar oszillierende Objekte (z. B. oszillierende Spiegel) infrage. Eine elegante Möglichkeit der Volumenprojektion ist die optische Transformation. Dabei werden 2- oder 3-dimensionale Objekte durch eine optische Abbildung in den Raum projiziert.

4.5.2 Binokulare Illusion

Der Gegenentwurf zur Existenz ist die Illusion. Dabei existiert das Objekt nicht im Raum, die Wahrnehmung wird durch die Vorspiegelung falscher Tatsachen erreicht, indem die Augen das Bild vorgesetzt bekommen, das dem realen Sehen entsprechen würde. Diese Illusion muss beidäugig (binokular) erfolgen, damit die Augen jeweils unterschiedliche Bilder präsentiert bekommen. Das präsentierte Bild ist in der Regel für jedes einzelne Auge 2-dimensional, womit die Rasterpunktanordnung in einem 2-dimensionalen Raum erfolgen kann, im Pixelraum.

Um die Fiktion des Raumsehens aufrechtzuerhalten, muss die Zuordnung eines bestimmten Bildes zu dem dafür vorgesehenen Auge unter allen Umständen gewahrt bleiben. Die Bilder müssen voneinander separiert werden.

Physische Separation

Die körperliche Separation zweier Bilder kann durch visuelle Entkopplung erreicht werden. Im einfachen Fall sind 2 Perspektivbilder nebeneinander auf einer Planfläche vor dem Betrachter aufgebracht. Beim natürlichen Sehen wird ein Beobachter auf die Bildfläche konvergieren und fokussieren. Das kann in dieser Situation aber nicht zur Fusion der Bilder (und damit zum 3D-Sehen), sondern nur zur Wahrnehmung von Doppelbildern führen. Erst wenn der entschlossene Betrachter die natürliche Kopplung von Akkommodation und Konvergenz willentlich aufhebt, kann er ein Raumbild wahrnehmen. Dazu muss er entweder die Augen wie beim Sehen in große Entfernungen parallel stellen und gleichzeitig auf die Bilder fokussieren (Parallelblick) oder bei identischem Fokus die Blickachsen überkreuzen (Kreuzblick). Die Wahl des Entkopplungsverfahrens ist abhängig von der Links-Rechts-Anordnung der Bilder und führt (je nach gewählter Entkopplung) zu orthoskopischem oder pseudoskopischem Raumeindruck.

Mechanische Separation

Um das Raumsehen gegenüber der anstrengenden physischen Entkopplung zu vereinfachen, kann auf Hilfsmittel zur Separation zurückgegriffen werden. Die räumliche Trennung der einzelnen Bilder voneinander gelingt am einfachsten durch eine mechanische Aufteilung, bei der die Einzelbilder auf eine speziell geformte Oberfläche aufgebracht sind. Diese Form der Separation wird seit einigen Jahrhunderten in Riefel- und Lamellenbildern eingesetzt. Die Trennraster sind dabei für gewöhnlich grob und sichtbar.

Modernere Formen der Trennung setzen auf die Darstellung der Objekte in einer Ebene (z. B. auf einem Druck, einer Leinwand oder einem Bildschirm) und nutzen Mechanismen, die die wahrgenommene Auflösung weniger reduzieren. Dabei wird zur mechanischen Separation häufig eine Parallaxbarriere verwendet, die aus bestimmten Raumrichtungen den Blick auf bestimmte Bildinhalte verdeckt. Eine Verdeckung findet ebenfalls bei der Shuttertechnik statt, wobei dabei das jeweilige Bild nur zeitweise verdeckt wird.

Eine ebenfalls teilweise Verdeckung ist die Abdunkelung eines Auges durch ein Rauchglas bei der Zeitparallaxe. Die Abdunkelung ist nicht vollständig, jedoch über die Zeit konstant.

Optische Separation
Die Separation der perspektivischen Einzelbilder des Bildrasters gelingt auf optischem Weg durch Filterung, Brechung oder Beugung.

Die wohl am meisten verbreitete Form der Bildseparation ist die Nutzung von Farbfiltern in der Anaglyphentechnik. Im Kino und am heimischen Fernseher werden die Perspektiven eher durch Polarisatoren herausgefiltert.

In der Autostereoskopie werden die Raumrichtungen in der Regel durch refraktive (brechende) Elemente (Linsen oder Prismen) vorgegeben. In seltenen Fällen kann die Ablenkung auch durch diffraktive (beugende) Elemente erfolgen.

4.5.3 Übersichtsbild

Das nachfolgende Übersichtsbild (Abb. 4.73) stellt die reale Existenz von Raumbildern der binokularen Illusion gegenüber. Grundsätzlich sollte es möglich sein, alle Verfahren der Raumbildtechnik in dieses Schema einzuordnen.

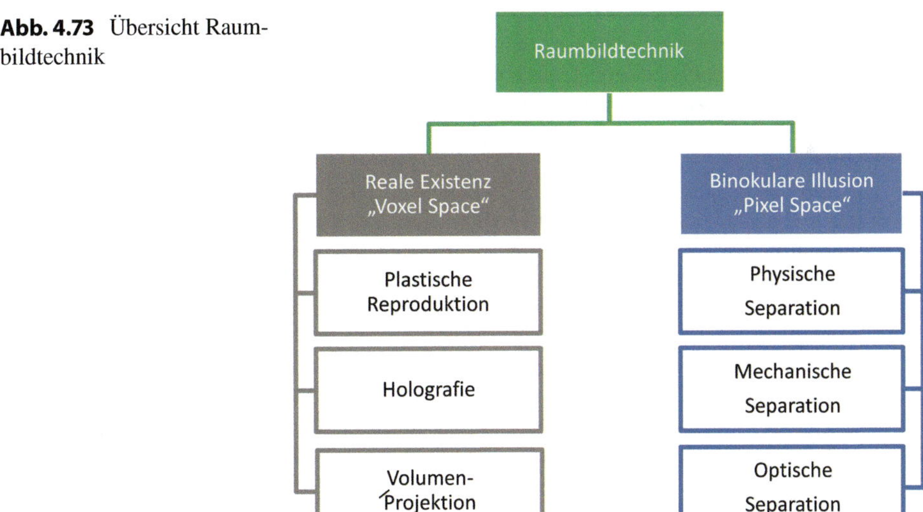

Abb. 4.73 Übersicht Raumbildtechnik

Literatur

1. Wheatstone, C.: Contributions to the physiology of vision. Part the first. On some remarkable, and Hitherto unobserved, phenomena of binocular vision. Phil Trans R Soc **128**, 371–394 (1838). http://rstl.royalsocietypublishing.org/content/128/371.full.pdf+html. Zugegriffen: 15.11.2015
2. Carl Zeiss Jena (1930) Katalog „Photogrammetrische Instrumente“
3. Bowers, B.: Sir Charles Wheatstone (IEE History of Technology) (2001). S. 52. https://books.google.de/books?id=m65tKWiI-MkC&pg=PA52&lpg=PA52&dq=Wheatstone+Brewster&source=bl&ots=-RLfc3V3pS&sig=G33uDrGM5sBlFHCSBsMP8bWW4Ko&hl=de&sa=X&ved=0ahUKEwiaif7v47LJAhUnjXIKHeptDz04ChDoAQgxMAM#v=onepage&q=Wheatstone%20Brewster&f=false. Zugegriffen: 28.11.2015
4. Wade, N.J.: The chimenti controversy. Perception (2003). 185–200. http://www.researchgate.net/publication/10803062_The_Chimenti_Controversy. Zugegriffen: 28.11.2015
5. Wikimedia Commons: Jacopo Chimenti (1551–1640). https://commons.wikimedia.org/wiki/File:Jacopo_Chimenti_da_Empoli_stereoscope_image.jpg
6. Brewster, D.: The Stereoscope, its History, Theory, and Construction. John Murray, London (1856). https://archive.org/details/stereoscopeitshi00brewrich. Zugegriffen: 28.11.2015
7. Holmes, O.W.: The stereoscope and the stereograph. The Atlantic Monthly **3**, 738–748 (1859). http://www.theatlantic.com/magazine/archive/1859/06/the-stereoscope-and-the-stereograph/303361/. Zugegriffen: 29.11.2015
8. Holmes, O.W.: The american stereoscope. Image, Journal of Photography **1**(3) George Eastman House (1952). Reprint v. “Philadelphia Photographer” 1869 http://www.luminous-lint.com/libraryvault/GEH_Image/GEH_1952_01_03.pdf. Zugegriffen: 29.11.2015
9. The Holmes stereoscope, with the inventions and improvements added by Joseph L. Bates. Center for the History of Medicine: OnView, accessed November 29, 2015. http://collections.countway.harvard.edu/onview/items/show/6277.]
10. Lem, S.: Summa technologiae. Suhrkamp Verlag, Krakow (1964). (deutsche Ausgabe 2013) https://books.google.de/books?id=-Oc7CgAAQBAJ&dq=Summa+technologiae.+suhrkamp&hl=de&source=gbs_navlinks_s. Zugegriffen: 29.11.2015
11. Zone, R.: Stereoscopic cinema and the origins of 3-D film. The University Press of Kentucky, Lexington (2007)
12. Die Stroboscopischen Scheiben oder optischen Zauberscheiben. Wien (1833). https://books.google.de/books?id=xUk0AQAAMAAJ&printsec=frontcover&hl=de&source=gbs_ge_summary_r&cad=0#v=onepage&q&f=false. Zugegriffen: 28.11.2015
13. Faraday, M.: Über optische Täuschungen besonderer Art. Zeitschr. f. Physik u. Mathematik Bd. **10**, 80 (1832). https://books.google.de/books?id=D789AQAAMAAJ&hl=de&source=gbs_navlinks_s. Zugegriffen: 28.11.2015
14. Roget, P.M.: Explanation of an optical deception in the appearance of the spokes of a wheel seen through vertical apertures. Phil. Transactions **115**, 131–140 (1825). http://www.jstor.org/stable/pdf/107736.pdf?acceptTC=true. Zugegriffen: 28.11.2015
15. Roget, P.M.: Erklärung eines optischen Betruges bei Betrachtung der Speichen eines Rades durch vertikale Oeffnungen. Joh. Ambrosius Barth, Leipzig, S. 93 (1825). https://books.google.de/books?id=P7xZAAAAcAAJ&hl=de&source=gbs_navlinks_s. Zugegriffen: 28.11.2015
16. Czermak, J.N.: Das Stereophoroskop Gesammelte Schriften, Bd. 1. Wilhelm Engelmann, Leipzig, S. 299–302 (1855). http://vlp.uni-regensburg.de/pdf/lit15017_Hi.pdf. Zugegriffen: 28.11.2015

17. Needham, J.: Science and civilisation in china. Cambridge University Press, Cambridge, S. 123 (1962). http://monoskop.org/images/7/70/Needham_Joseph_Science_and_Civilisation_in_China_Vol_4-1_Physics_and_Physical_Technology_Physics.pdf. Zugegriffen: 28.11.2015
18. Nienhauser, W.H.: Once again, the Authorship of the Hsi-Ching Tsa-Chi. Journal of the American Oriental Society **98**(3), 219–236 (1978). http://www.jstor.org/stable/598684?seq=1#page_scan_tab_contents
19. Wertheimer, M.: Experimentelle Studien über das Sehen von Bewegung. Zeitschrift für Psychologie 61(1) (1912). http://gestalttheory.net/download/Wertheimer1912_Sehen_von_Bewegung.pdf. Zugegriffen: 29.11.2015
20. Rollmann, W.: Notiz zur Stereoskopie. Annalen der Physik **165**(6), 351 (1853). http://zs.thulb.uni-jena.de/servlets/MCRFileNodeServlet/jportal_derivate_00140636/18531650614_ftp.pdf. Zugegriffen: 03.12.2015
21. Rollmann, W.: Zwei neue stereoskopische Methoden. Annalen der Physik **166**(9), 186–187 (1853). http://zs.thulb.uni-jena.de/servlets/MCRFileNodeServlet/jportal_derivate_00140721/18531660914_ftp.pdf. Zugegriffen: 03.12.2015
22. Davanne, M.: RAPPORT au nom du Comité des Constructions et de Beaux-Arts, sur les IMAGES DITES ANAGLYPHES présentées par M. L. Ducos DU HAURON. Bulletin de la Société d'Encouragement pour l'Industrie Nationale 93(9), 475 (1894). 93e année. 4e série, tome 9, http://cnum.cnam.fr/CGI/fpage.cgi?BSPI.93/476/100/996/301/630. Zugegriffen: 03.12.2015
23. Du Hauron, A.D.: Stereoscopic Print, US Patent Nr. 544.666 1894, mit Priorität FR Patent 216.465 (1891). https://patents.google.com/patent/US544666A/en. Zugegriffen: 04.12.2015
24. D'Almeida, M.J.-C.: Nouvel appareil stéréoscopique. In: Comptes rendus hebdomadaires des séances de l'Académie des sciences. Bachelier, Paris (1858). http://visualiseur.bnf.fr/CadresFenetre?O=NUMM-3004&I=61&M=tdm. Zugegriffen: 03.12.2015
25. Rollmann, W.: Réclamation de priorité pour une certaine disposition d'appareils stéréoscopiques. In: Comptes rendus hebdomadaires des séances de l'Académie des sciences, S. 337. Bachelier, Paris (1858). http://visualiseur.bnf.fr/CadresFenetre?O=NUMM-3004&I=337&M=tdm. Zugegriffen: 03.12.2015
26. Guerronnan, A.: Les anaglyphes. Paris-photographe **4**(3), 101–103 (1894). http://www.cineressources.net/consultationPdf/web/o001/1220.pdf. Zugegriffen: 03.12.2015
27. Lorenz, D.: 3-D-Linsenrasterbilder, eine Erfindung aus der Schweiz. In Tagungsband Ittingen 2004, Arbeitskreis Bild Druck Papier (2004). https://books.google.de/books?id=u4pxr3-Rf8oC. Zugegriffen: 09.01.2016
28. Autodesk: Create a stereoscopic camera. Autodesk Knowledge Network (2015). https://knowledge.autodesk.com/support/maya/learn-explore/caas/CloudHelp/cloudhelp/2016/ENU/Maya/files/GUID-ACC3EC75-5564-49FB-9571-CF43ACCA001A-htm.html. Zugegriffen: 04.12.2015
29. JPL Photojournal: Image gallery anaglyphs. NASA. http://photojournal.jpl.nasa.gov/feature/anaglyph. Zugegriffen: 04.12.2015
30. Jorke, H.: Verfahren zum Erzeugen stereoskopischer Halbbilder.... DE Patent 198 08 264 C2 (1998). https://depatisnet.dpma.de/DepatisNet/depatisnet?action=bibdat&docid=DE000019808264C2. Zugegriffen: 04.12.2015
31. Infitec: Excellence in 3D (2015). http://infitec.net/. Zugegriffen: 04.12.2015
32. Dolby3D: A unique 3D technology for cinema (2015). http://www.dolby.com/us/en/technologies/dolby-3d.html. Zugegriffen: 04.12.2015
33. Koschnitzke, C., Mehnert, R., Quick, P.: Faszinierende Natur dreidimensional. DRW-Verlag, Stuttgart (1983). https://www.deutsche-digitale-bibliothek.de/item/YWVLRGBHH67ZXGUXSTTYHYFQCZNKG623. Zugegriffen: 04.12.2015

34. Bernier, R.V.: Three-dimensional adapter for motion-picture projectors. US Patent 2,478,891 (1947). https://www.google.com/patents/US2478891. Zugegriffen: 04.12.2015
35. Bernier, R.V.: Three dimensional cinematography. US Patent 3,531,191 (1970). http://www.google.com/patents/US3531191. Zugegriffen: 04.12.2015
36. Lipton, L.: Foundations of the Stereoscopic Cinema. Van Nostrand Reinhold Company, New York (1982). http://www.loreti.it/Download/PDF/3D/foundations%20200dpi.pdf. Zugegriffen: 04.12.2015
37. Newton, I.: Letter of Mr. Isaac Newton... containing his new theory about light and colors. Philosophical Transactions 80, London (1671/72). http://lhldigital.lindahall.org/cdm/ref/collection/color/id/15635. Zugegriffen: 04.12.2015
38. Brewster, D.: Notice of a chromatic stereoscope. Phil. Mag. **3**(15), 31 (1852). http://zs.thulb.uni-jena.de/servlets/MCRFileNodeServlet/jportal_derivate_00126243/PMS_1852_Bd03.pdf. Zugegriffen: 06.12.2015
39. Steenblik, R.A.: Stereoscopic process and apparatus. US Patent 4,597,634 (1984). https://www.google.com/patents/US4597634. Zugegriffen: 04.12.2015
40. Chromatek: Chromadepth 3D (2015). http://chromatek.com/. Zugegriffen: 04.12.2015
41. American Paper Optics: Paper 3D eyware (2015). http://www.3dglassesonline.com/. Zugegriffen: 04.12.2015
42. Emmerling, L.A.: Lehrbuch der Mineralogie. Gießen (1793). https://books.google.de/books?id=gL5hAAAAcAAJ&hl=de&source=gbs_navlinks_s. Zugegriffen: 05.12.2015
43. Bartholini, E.: Experimenta crystalli islandici disdiaclastici. Hafnia (1670). http://www.e-rara.ch/zut/content/titleinfo/1039078?lang=de. Zugegriffen: 05.12.2015
44. Huygens, C.: Traité de la lumière. Leyden (1690) http://gallica.bnf.fr/ark:/12148/bpt6k5659616j. Zugegriffen: 05.12.2015
45. Malus, E.L.: Sur une propriété de la lumière réfléchie. In: Mémoires de physique. Société d'Arcueil, Paris (1809). https://books.google.de/books?id=Nl87AAAAcAAJ. Zugegriffen: 05.12.2015
46. Malus, E.L.: Théorie de la double réfraction de la lumière. Baudouin, Paris (1810). https://books.google.de/books?id=Wb3EHev07w0C. Zugegriffen: 05.12.2015
47. Descartes, R.: Discours de la methode (1637). https://books.google.de/books?id=p6Uz87poRdIC. Zugegriffen: 05.12.2015
48. Stedall, J., Schemmel, M., Goulding, R.: Digital edition of Thomas Harriot's manuscripts. http://echo.mpiwg-berlin.mpg.de/content/scientific_revolution/harriot. Zugegriffen: 05.12.2015 http://echo.mpiwg-berlin.mpg.de/ECHOdocuView?url=/permanent/library/0VGM2B80/&viewMode=image&pn=639. Zugegriffen: 05.12.2015
49. Huygens, C.: Problematum quorundam illustrium. In: De circuli magnitudine inventa. Leiden (1654). https://books.google.de/books?id=WmcVAAAAQAAJ. Zugegriffen: 05.12.2015
50. Huygens, C.: Opuscula postuma: Dioptrica. Leiden (1703). https://books.google.de/books?id=095eAAAAcAAJ. Zugegriffen: 05.12.2015
51. Zghal, N., et al.: The first step of learning optics: Ibn Sahl's, Al Haytham's and Young's works. Proc. of SPIE Vol. 9665, 966509-1 (2007). https://spie.org/etop/2007/etop07fundamentalsII.pdf. Zugegriffen: 05.12.2015
52. Rashed, R.: Ibn al-Haytham and Analytical Mathematics, engl. Übersetzung. Routledge, Abingdon (2013). http://samples.sainsburysebooks.co.uk/9781136191084_sample_492981.pdf. Zugegriffen: 05.12.2015
53. Anderton, J.: Method by which pictures projected upon screens by magic lanterns are seen in relief. Patent US 542,321 (1895). FR 224,813 1892, UK 11,520 1891. https://patents.google.com/patent/US542321A/en. Zugegriffen: 05.12.2015

54. Herapath, W.B.: Phil. Mag. **3**(17), 160–173 (1852). http://zs.thulb.uni-jena.de/servlets/MCRFileNodeServlet/jportal_derivate_00126243/PMS_1852_Bd03.pdf. Zugegriffen: 06.12.2015
55. Hogg, J.: The Microscope. The Illustrated London Library, London, S. 104 (1854). https://books.google.de/books?id=F0PPAAAAMAAJ. Zugegriffen: 06.12.2015
56. Herapath, W.B.: Discovery of quinine and quinidine in the urine of patients under medical treatment. Journal of Cell Science **2**(5), 13–18 (1854). http://jcs.biologists.org/content/joces/s1-2/5/13.full.pdf. Zugegriffen: 05.12.2015
57. Herapath, W.B.: On the manufacture of large available crystals of sulphate of iodo-quinine (Herapathite), for optical purposes as artificial tourmalines. Journal of Cell Science **1–2**(6), 83–90 (1854). http://jcs.biologists.org/content/joces/s1-2/6/83.full.pdf. Zugegriffen: 05.12.2015
58. Haidinger, W.K.: Über die von Dr. Herapath und Prof. Strokes in optischer Beziehung untersuchte Jod-Chinin Verbindung Sitzungsberichte der Kaiserlichen Akademie der Wissenschaften in Wien, Bd. 10. K.K. Hof- und Staatsdruckerei, Wien, S. 106–113 (1853). http://www.landesmuseum.at/pdf_frei_remote/SBAWW_10_0106-0113.pdf. Zugegriffen: 06.12.2015
59. Bernauer, F.: Polarisationsvorrichtung. Patent DE 547 429 (1929). https://depatisnet.dpma.de/DepatisNet/depatisnet?action=bibdat&docid=DE000000547429A. Zugegriffen: 06.12.2015
60. Wempe, J.: Eigenschaften und astronomische Anwendungsmöglichkeiten von Polarisationsfiltern. Astronomische Nachrichten **269**(6), 331 (1940). http://articles.adsabs.harvard.edu/cgi-bin/nph-iarticle_query?1940AN....269..331W&defaultprint=YES&filetype=.pdf
61. Land, E.H., Friedmann, J.S.: Polarizing refracting bodies. Patent US 1,918,848 (1929). http://worldwide.espacenet.com/publicationDetails/originalDocument?CC=US&NR=1918848A&KC=A&FT=D&ND=1&date=19330718&DB=&locale=de_EP. Zugegriffen: 07.12.2015
62. Naumann, H., Schröder, G., Löffler-Mang, M.: Handbuch Bauelemente der Optik. Hanser, München (2014). https://books.google.de/books?id=_56lAwAAQBAJ. Zugegriffen: 09.12.2015
63. Lipton, L.: Achromatic liquid crystal shutter for stereoscopic and other applications. Patent US 4,884,876. https://www.google.si/patents/US4884876. Zugegriffen: 09.12.2015
64. Hammond, L.: Stereoscopic motion picture. Patent US 1,435,520 (1921). http://www.google.com/patents/US1435520. Zugegriffen: 13.12.2015
65. New-York Tribune: Teleview will bring Stereoscopic Movie to the Selwyn Theater", S8 (1922). http://chroniclingamerica.loc.gov/lccn/sn83030214/1922-12-17/ed-1/seq-62.pdf (Erstellt: 17.12.1922). Zugegriffen: 13.12.2015
66. Wolf, M.: Katalog von 1053 stärker bewegten Fixsternen. Veröffentlichungen der Sternwarte zu Heidelberg **7**(10), 195 (1919). http://adsabs.harvard.edu/abs/1919VeHei...7..195W. Zugegriffen: 13.12.2015
67. Pulfrich, C.: Die Stereoskopie im Dienste der isochromen und heterochromen Photometrie. Die Naturwissenschaften **10**(25), 70 (1922). http://link.springer.com/article/10.1007%2FBF01565171. Zugegriffen: 13.12.2015
68. Mach, E.: Untersuchungen über den Zeitsinn des Ohres. Sitzungsberichte Wien 1865 in „Untersuchungen zur Naturlehre...". Giessen (1870). https://books.google.cd/books/about/Untersuchungen_zur_Naturlehre_des_Mensch.html?hl=fr&id=CO8CAAAAYAAJ. Zugegriffen: 12.12.2015
69. Wittmann, M., Pöppel, E.: „Hirnzeit", in Kunstforum International Bd. 51, S. 85 (2000). http://additor.hbk-bs.de/home/Binaries/Binary8065/Wittmann_Poeppel_Hirnzeit.pdf. Zugegriffen: 12.12.2015
70. Pöppel, E.: Lost in time. Acta Neurobiol Exp **64**, 295–301 (2004). Warschau 2004 http://www.lac.ane.pl/pdf/6428.pdf. Zugegriffen: 12.12.2015

71. Edison, T.A.: „Caveat 110“, Handschriftliche Ankündigung des Kinetoskopes, Orange (1888). http://edison.rutgers.edu/NamesSearch/DocDetImage.php3. Zugegriffen: 12.12.2015
72. Malkames, R.: Cinematograph Camera Serial No. 419. Virtual Museum “The Malkames Collection” (1896). http://www.malkamescameracollection.com/cinematograph/. Zugegriffen: 12.12.2015
73. Society of Motion Picture Engineers: Motion Picture Standards. Trans. S.M.P.E. 4, Chicago (1917). http://ia800909.us.archive.org/9/items/transactionsofso12soci/transactionsofso12soci.pdf. Zugegriffen: 12.12.2015
74. Society of Motion Picture Engineers. Motion Picture Standards. Trans. S.M.P.E. 22 S. 135, Schenectady (1925). http://ia800909.us.archive.org/17/items/transactionsofso21soci/transactionsofso21soci.pdf. Zugegriffen: 12.12.2015
75. French, L.: Director Fritz Lang on the Making of Metropolis (2010). http://cinefantastiqueonline.com/2010/05/fritz-langs-metropolis-the-best-film-of-this-or-any-other-year/ (Erstellt: 15.05.2010). Zugegriffen: 12.12.2015
76. Clarke, E.T.: An exhibitor’s problems in 1926. Trans. S.M.P.E. **10**(27), 46–57 (1926). http://ia800909.us.archive.org/8/items/transactionsofso25soci/transactionsofso25soci.pdf. Zugegriffen: 12.12.2015
77. Sponable, E.I.: Some technical aspects of the Movietone. Trans. S.M.P.E. **11**(31), 458–474 (1927). http://ia601901.us.archive.org/23/items/transactionsofso29soci/transactionsofso29soci.pdf. Zugegriffen: 12.12.2015
78. Ebert, R.: Why 3D doesn’t work and never will. Roger Eberts Journal, 23.01.2011. http://www.rogerebert.com/rogers-journal/why-3d-doesnt-work-and-never-will-case-closed. Zugegriffen: 20.12.2015
79. Lambooij, M.T.M., IJsselsteijn, W.A., Heynderickx, I.: Visual Discomfort in Stereoscopic Displays: A Review. Proc. SPIE **6490**(64900I) (2007). http://repository.tudelft.nl/assets/uuid:f9a2a6b4-3aeb-4ead-9a21-c6dbcef492f6/VisualLambooij.pdf. Zugegriffen: 20.12.2015
80. Teschermak, A.: Der Willkür entzogene Augenbewegungen. In: Receptionsorgane II, Photoreceptoren 2. Teil. Springer, Berlin (1931). https://books.google.de/books?id=bU-oBgAAQBAJ. Zugegriffen: 31.12.2015
81. Shibata, T., Kim, J., Hoffman, D.M., Banks, M.S.: The zone of comfort: Predicting visual discomfort with stereo displays. J Vis **11**(8), 2012 (2011). http://www.ncbi.nlm.nih.gov/pmc/articles/PMC3369815/. Zugegriffen: 26.12.2015
82. Howarth, P.A.: Potential hazards of viewing 3-D stereoscopic television, cinema and computer games: a review. Ophthalmic & Physiological Optics **31**, 111–122 (2011). http://onlinelibrary.wiley.com/doi/10.1111/j.1475-1313.2011.00822.x/abstract;jsessionid=B56EB16307FC46C945855E19BF89951C.f02t04. Zugegriffen: 26.12.2015
83. Grasnick, A.: The hype cycle in 3D displays: inherent limits of autostereoscopy. Proc. SPIE 8769, 87690T, Singapur (2013). http://proceedings.spiedigitallibrary.org/proceeding.aspx?articleid=1700131. Zugegriffen: 13.12.2015
84. Box Office Mojo. All Time Box Office, WORLDWIDE GROSSES. IMDb.com Inc. http://www.boxofficemojo.com/alltime/world/. Zugegriffen: 13.12.2015
85. IMDb Charts. All-Time Box Office: World-wide. IMDb.com Inc. http://www.imdb.com/boxoffice/alltimegross?region=world-wide. Zugegriffen: 13.12.2015
86. Dirks, T.: ALL-TIME BOX OFFICE TOP 100. AMC Network Entertainment LLC. http://www.filmsite.org/boxoffice.html. Zugegriffen: 13.12.2015
87. Leonhardt, D.: Why ‘Avatar’ Is Not the Top-Grossing Film. The New York Times online (2010). http://economix.blogs.nytimes.com/2010/03/01/why-avatar-is-not-the-top-grossing-film/?_r=0 (Erstellt: 1.02.2010). Zugegriffen: 19.12.2015

88. McClintock, P.: Jeffrey Katzenberg on the 'Heartbreaking' Decline of 3D. The Hollywood Reporter (2011). http://www.hollywoodreporter.com/news/jeffrey-katzenberg-why-hollywood-is-196616 (Erstellt: 9.06.2011). Zugegriffen: 19.12.2015
89. Fenn, J., Raskino, M.: Mastering the Hype Cycle. Harvard Business Press, Boston (2008). http://www.gartner.com/it/products/research/media_products/book/. Zugegriffen: 19.12.2008
90. Harf, R.: Nikola Tesla: Das betrogene Genie. GEOkompakt **18**(3), 108 (2009). http://www.geo.de/GEO/heftreihen/geokompakt/die-100-wichtigsten-erfindungen-nikola-tesla-das-betrogene-genie-60006.html. Zugegriffen: 19.12.2015
91. Thomas, W.I., Thomas, D.S.: The Child in America. Alfred A. Knopf, New York, S. 572 (1928). https://books.google.de/books?id=yNALAwAAQBAJ. Zugegriffen: 19.12.2015
92. Merton, R.K.: The Thomas theorem and the Matthew effect. Social Forces **74**(2), 379–424 (1995). http://garfield.library.upenn.edu/merton/thomastheorem.pdf. Zugegriffen: 19.12.2015
93. Kaminski, A.: Technik als Erwartung. Sic et Non. **5**(1) (2006). http://www.sicetnon.org/index.php/sic/article/view/107/126. Zugegriffen: 19.12.2105
94. Statista.de: Prognose: Anteil der 3D TV-Haushalte in Deutschland; Statista GmbH, Hamburg (2015). http://de.statista.com/statistik/daten/studie/166604/umfrage/prognose-zum-anteil-der-3d-tv-haushalte-in-deutschland/. Zugegriffen: 20.12.2015
95. Filmförderungsanstalt: Kinobesucher von 3D-Filmen 2014. Studie „Der Kinobesucher", Berlin (2015). http://www.ffa.de/kinobesucher-von-3d-filmen-2014.html. Zugegriffen: 20.12.2015
96. Nommensen, K.-U.: Pastorenehepaar nach 350 Jahren auf Reisen. Evangelisches Regionalzentrum Westküste, Öffentlichkeitsarbeit, www.erw-breklum.de (2013). http://www.nordfriesland-evangelisch.de/42.0.html?&tx_ttnews%5Btt_news%5D=24&tx_ttnews%5Bpointer%5D=4&cHash=307c0a82546c307c9deb7c511ea551e3 (Erstellt: 5.08.2013). Zugegriffen: 207.12.2015
97. Grasnick, A., Relke, I.: Verfahren und Anordnung zur räumlichen Darstellung. Patent DE 100 03 326 (2000). https://depatisnet.dpma.de/DepatisNet/depatisnet?action=bibdat&docid=DE000010003326C2. Zugegriffen: 05.01.2016
98. Lamellen- und Linsenrasterbilder – Morphing, Zoom und 3D. Physik in unserer Zeit **41**(1), 43–46 (2010). https://www.researchgate.net/profile/Christian_Ucke/publication/227846443_Morphing_Zoom_und_3D._Lamellen_und_Linsenrasterbilder/links/540ac1b00cf2f2b29a2cd6e5.pdf. Zugegriffen: 27.12.2015
99. Simon, R.: Double Portrait of King Frederik IV and Queen Louise of Mecklenburg-Güstrow of Denmark. Robert Simon Fine Art, New York (2009). http://www.robertsimon.com/pdfs/boisclair_portraits.pdf. Zugegriffen: 31.12.2015
100. Bourke, P.: Glasses free stereoscopic presentation: A selective review. ResearchGate (2015). https://www.researchgate.net/publication/279963184_Glasses_free_stereoscopic_presentation_A_selective_review. Zugegriffen: 31.12.2015
101. Roberts, D.E.: History of Lenticular and Related Autostereoscopic Methods. Leap Technologies, Hillsboro (2003). http://lenticulartechnology.com/files/2014/02/History-of-Lenticular.pdf. Zugegriffen: 31.12.2015
102. Schott, C.: De Magia Universalis. Würzburg (1657).http://193.206.220.110/Teca/Viewer?an=000000363932. Zugegriffen: 31.12.2015
103. Berthier, A.: Images stéréoscopiques de grand format. Le Cosmos (1896). http://catalog.hathitrust.org/Record/010009893. Zugegriffen: 1.01.2016
104. Timby, K.: Images en relief et images changeantes. Études photographiques 2001(9), 126 (2001). https://etudesphotographiques.revues.org/246. Zugegriffen: 01.01.2015
105. Ives, F.E.: Kromskop Color Photography. The Photochromoscope Syndicate, London (1898). http://www.cineressources.net/consultationPdf/web/o000/127.pdf. Zugegriffen: 03.01.2016

106. Ives, F.E.: A Novel Stereogram. Franklin Institute **153**, 51–52. Philadelphia (1901). https://ia800308.us.archive.org/25/items/journalfranklini153fran/journalfranklini153fran.pdf. Zugegriffen: 03.01.2016
107. Ives, F.E.: "Parallax stereogram and process of making same", Patent US 725,567 (1902). https://patents.google.com/patent/US725567A. Zugegriffen: 3.01.2016
108. Estanave, E.: Plaque photographique pour relief à vision directe ou plaque autostéréoscopique. Patent FR 392,871 (1908). http://worldwide.espacenet.com/publicationDetails/biblio?CC=FR&NR=392871. Zugegriffen: 3.01.2016
109. Estanave, E.: Le relief stéréoscopique en projection par les réseaux lignés. J. Phys. Theor. Appl. **7**(1), 878–880 (1908). https://hal.archives-ouvertes.fr/jpa-00241419/document. Zugegriffen: 03.12.2016
110. Dodgson, N.A.: Analysis of the viewing zone of multi-view autostereoscopic displays. Proc. SPIE **4660**, 245 (2002). http://proceedings.spiedigitallibrary.org/proceeding.aspx?articleid=875998
111. Noaillon, E.H.V.: Art of taking Cinematographic Projections. Patent US 1,772,782 (1928). https://patents.google.com/patent/US1772782A. Zugegriffen: 3.01.2016
112. Blundell, B.G.: On Aspects of Glasses-free 3D Cinema ~70 Years Ago. White Paper, ResearchGate (2013). http://www.researchgate.net/publication/258506005. Zugegriffen: 3.01.2016
113. Kanolt, C.W.: Photographic Method and Apparatus. Patent US 1,260,682 (1915). http://www.google.com/patents/US1260682. Zugegriffen: 3.01.2016
114. Ives, H.E.: Parallax Panoramagrams made with a large Diameter Lens. OSA **20**(6), 332 (1930). https://www.osapublishing.org/josa/abstract.cfm?uri=josa-20-6-332. Zugegriffen: 03.12.2016
115. Grasnick, A.: Autostereoskopische Anzeigevorrichtung. Patent EP 1 895 782 (2007). https://depatisnet.dpma.de/DepatisNet/depatisnet?action=bibdat&docid=EP000001895782A2. Zugegriffen: 6.01.2016
116. Kaplan, S.H.: Theory of Parallax Barriers. SMTP **59**(1), 52 (1952). http://ieeexplore.ieee.org/xpl/articleDetails.jsp?reload=true&arnumber=7255417. Zugegriffen: 03.01.2016
117. Eichenlaub, J.B.: Autostereoscopic display with illuminating lines and light valve. Patent US 4,717,949 (1986). https://www.google.com/patents/US4717949. Zugegriffen: 4.01.2016
118. Woodgate, G.J., Moseley, R.R., Ezra, D.: Autostereoscopic display including a viewing window that may receive black view data. Patent US 5,991,073 (1996). https://www.google.com/patents/US5991073
119. Oyagi, Y.: Storage medium storing display controlling program, display controlling apparatus, display controlling method and display controlling system. Patent US 2011/0304707 (2010). https://www.google.com/patents/US20110304707. Zugegriffen: 4.01.2016
120. Nakayama, et al.: Two-dimensional/three dimensional compatible type Image Display. Patent US 5,831,765, (JP 7-125347, 1995) (1996). http://www.google.com.gh/patents/US5831765. Zugegriffen: 5.01.2016
121. Mashitani, K., Takahashi, H., Tahito Aida, T.: Multi-view glass-less 3-D display by parallax barrier of step structure. Mem. Fac. Eng., Osaka City Univ. **48**, 1–8 (2007). http://dlisv03.media.osaka-cu.ac.jp/infolib/user_contents/kiyo/DBf0480001.pdf. Zugegriffen: 05.01.2016
122. Mashitani, K., Hamagishi, G., Higashino, M., Ando, T., Takemoto, S.: Step barrier system multiview glassless 3D display. Proc. SPIE **5291**, 265 (2004). http://proceedings.spiedigitallibrary.org/proceeding.aspx?articleid=836708. Zugegriffen: 05.01.2016
123. Grasnick, A.: Verfahren zum Erstellen und Anzeigen einer Raumbildvorlage für Abbildungsverfahren mit räumlichen Tiefenwirkungen und Vorrichtung zum Anzeigen einer derartigen Raumbildvorlage. Patent DE 103 48 618 (2003). https://depatisnet.dpma.de/DepatisNet/depatisnet?action=bibdat&docid=DE000010348618B4. Zugegriffen: 5.01.2016

124. Sombrowsky, R.: Verfahren und Vorrichtung zur Erzeugung stereoskopischer Darstellungen. Patent DE 42 28 111, Oelsnitz (1992). https://depatisnet.dpma.de/DepatisNet/depatisnet?action=bibdat&docid=DE000004228111C1. Zugegriffen: 6.01.2016
125. wissenschaft-online/APA: Ein Monitor zeigt 3-D. Spektrum.de, 14.03.1998. http://www.spektrum.de/news/ein-monitor-zeigt-3-d/340629. Zugegriffen: 06.01.2015
126. Jurk, S., Kuhlmey, M., de la Barré, R.: A new type of multiview display. Proc. SPIE 9391. http://proceedings.spiedigitallibrary.org/proceeding.aspx?articleid=2208665. Zugegriffen: 06.01.2015
127. Franz, M.: 3D-Effekt ohne Brille: 27-Zoll-LED von Sunny Ocean Studios (2010). http://www.netzwelt.de/news/82259-3d-effekt-ohne-brille-27-zoll-led-sunny-ocean-studios.html. Zugegriffen: 6.01.2015
128. Inavate: Sunny Ocean boasts 84″ of 3D, no glasses (2010). http://www.inavateonthenet.net/news/article/sunny-ocean-boasts-84-of-3d-no-glasses. Zugegriffen: 6.01.2016
129. DVD and Beyond: Sunny Ocean Studios demos largest 3D display without need for 3D glasses (2010). http://www.dvd-and-beyond.com/display-article.php?article=956. Zugegriffen: 6.01.2016
130. Jacobson, J.: Pictorial reproduction. US Patent US 624,042 (1898). https://www.google.com/patents/US624042. Zugegriffen: 1.01.2015
131. Jacobson, J.: Stereograph. US Patent 624,043 (1898). https://www.google.com/patents/US624043. Zugegriffen: 1.01.2015
132. Lippmann, G.: La photographie integrale. Comptes-Rendus Academie des Sciences **146**, 446–451 (1908). http://gallica.bnf.fr/ark:/12148/bpt6k3100t.r=. Zugegriffen: 06.01.2016
133. Lippmann, G.: Epreuves r'eversibles donnant la sensation du relief. J. Phys. Theor. Appl. **7**(1), 821–825 (1908). https://hal.archives-ouvertes.fr/jpa-00241406. Zugegriffen: 06.01.2016
134. The French Correspondent of the Scientific American: Integral Photography, A New Discovery by Professor Lippmann. Scientific American **105**(8), 164 (1911). http://www.tgeorgiev.net/Lippmann.pdf. Zugegriffen: 07.01.2016 http://www.scientificamerican.com/article/integral-photography/. Zugegriffen: 07.01.2016
135. Fujifilm Deutschland: FUJICHROME Velvia 50. Fujifilm Corporation online (2016). https://www.fujifilm.eu/de/produkte/analoge-fotografie/p/fujichrome-velvia-50. Zugegriffen: 7.01.2016
136. Apple: Technische Daten iPhone 6s Plus (2016). http://www.apple.com/de/iphone-6s/specs. Zugegriffen: 7.01.2016
137. Ives, H.E.: Optical properties of a Lippmann lenticulated sheet. J. Opt. Soc. Am. **21**(3), 171–179 (1931). ttps://www.osapublishing.org/josa/abstract.cfm?uri=josa-21-3-171. Zugegriffen: 09.01.2016
138. Ives, H.E.: Optical Device. Patent US 2,174,003 (1935). http://www.google.com/patents/US2174003. Zugegriffen: 9.01.2016
139. Ahriman: Photographisches Archiv **37**(796), 249 (1896). http://digital.slub-dresden.de/werkansicht/dlf/62744/1/0/. Zugegriffen: 09.01.2016
140. Gamble, W.: Photo-Mechanical Notes. The British Journal of Photography **43**, 166 (1896). https://archive.org/details/britishjournalof43londuoft. Zugegriffen: 09.01.2016
141. Berthon, R.: Verfahren zur Herstellung von mehrfarbig wiederzugebenden Bildern. Patent DE 223 236 (1908). https://depatisnet.dpma.de/DepatisNet/depatisnet?action=bibdat&docid=DE000000223236A. Zugegriffen: 9.01.2016
142. Berthon, R.: Apparatus for Color Photography. Patent US 992,151 (1909). https://www.google.com.na/patents/US992151. Zugegriffen: 9.01.2016

143. Friedman, J.S.: History of Color Photography. The American Photographic Publishing Company, Boston (1945). https://archive.org/details/historyofcolorph00frierich. Zugegriffen: 09.01.2016
144. Jacobs, A., et al.: 2D/3D switchable displays. White Paper (2003). http://www.sharp-world.com/corporate/info/rd/tj4/pdf/4.pdf. Zugegriffen: 04.01.201
145. Hess, W.: Stereoscopic picture. Patent US 1,128,9179 (1912). http://www.google.com/patents/US1128979. Zugegriffen: 9.01.2016
146. Hess, W.: Unmittelbar wirkendes Stereoskopbild. Patent CH 61475 (1912). https://depatisnet.dpma.de/DepatisNet/depatisnet?action=bibdat&docid=CH000000061475A
147. Kanolt, C.W.: Production of stereoscopic pictures. Patent US 1,882,648 (1930). http://www.google.com/patents/US1882648. Zugegriffen: 9.01.2016
148. Kanolt, C.W.: Projection of Pictures for viewing in stereoscopic Relief. Patent US 2,075,853 (1930). http://www.google.com/patents/US2075853. Zugegriffen: 9.01.2016
149. Ives, H.E.: Projection of stereoscopic Pictures. Patent US 1,883,290 (1930). https://www.google.com/patents/US1883290. Zugegriffen: 9.01.2016
150. Ives, H.E.: Making stereoscopic Parallax Panoramagrams from pseudoscopic Parallax Panoramagrams. Patent US 1,905,716 (1931). https://www.google.com/patents/US1905716. Zugegriffen: 9.01.2016
151. Eggert, J., Heymer, G.: Verfahren zur Herstellung von Filmen mit lichtbrechenden Elementen. Patent DE 558 365 (1928). https://depatisnet.dpma.de/DepatisNet/depatisnet?action=bibdat&docid=DE000000558365A. Zugegriffen: 9.01.2016
152. Johnston, S.F.: Holograms: A Cultural History. Oxford University Press, Oxford (2016). https://books.google.de/books?id=Z7SlCgAAQBAJ. Zugegriffen: 09.01.2016
153. Coffey, D.F.W.: Apparatus for projecting pictures in relief. Patent US 2,100,634 (1931). https://www.google.com/patents/US2100634. Zugegriffen: 9.01.2016
154. Coffey, D.F.W.: Apparatus for making a composite stereograph. Patent US 2,063,985 (1935). http://www.google.com/patents/US2063985. Zugegriffen: 9.01.2016
155. Winnek, D.F.: Composite Stereography. Patent US 3,409,351 (1966). http://www.google.com/patents/US3409351. Zugegriffen: 9.01.2015
156. Winnek, D.F.: Composite Stereography. Patent US 2,532,077 (1947). http://www.google.com/patents/US2562077. Zugegriffen: 9.01.2015
157. Lo, A.K.W., Nims, J.C.: Methods and apparatus for taking and composing stereoscopic pictures. Patent US 3,960,563 (1974). https://www.google.com/patents/US4132468. Zugegriffen: 9.01.2016
158. Börner, R.: Wiedergabeeinrichtung für dreidimensionale Wahrnehmung von Bildern. Patent DE 392 10 61 (1989). https://depatisnet.dpma.de/DepatisNet/depatisnet?action=bibdat&docid=DE000003921061A1. Zugegriffen: 9.01.2016
159. Schenke, K.: Free2C 3D Display. Spezifikation, Fraunhofer HHI (2004). http://www.hhi.fraunhofer.de/fileadmin/user_upload/PDFs/Abteilungen/Interactive_Media_-_Human_Factors/im_free2c-3d-display-specifications.pdf. Zugegriffen: 10.01.2016
160. Allio, P.: Autostereoscopic video device and system. Patent US 5,808,599 (1994). http://www.google.co.ve/patents/US5808599. Zugegriffen: 9.01.2016
161. Allio, P.: Method for displaying an autostereoscopic image having n viewpoints. Patent US 2008/0204455 (2004). http://www.google.co.ve/patents/US20080204455. Zugegriffen: 9.01.2016
162. Van Berkel, C.: Image preparation for 3D LCD. Proc. SPIE **3639** (1999). http://proceedings.spiedigitallibrary.org/proceeding.aspx?articleid=978736. Zugegriffen: 09.01.2016

163. Lipton, L.: A new autostereoscopic display technology: The SynthaGram. Proc. SPIE **4660**, 229 (2002). http://spie.org/Publications/Proceedings/Paper/10.1117/12.468036. Zugegriffen: 09.01.2016
164. Toshiba Bedienungsanleitung: Modellreihe ZL2 Digita (2016). https://www.bedienungsanleitu.ng/toshiba/55zl2g/anleitung. Zugegriffen: 10.01.2016
165. Seibt, R.: Test: Toshiba 55ZL2G – 3D-TV ohne Brille. PC Magazin online (2012). http://www.pc-magazin.de/testbericht/test-toshiba-55zl2g-3d-tv-ohne-brille-1259661.html (Erstellt: 26.03.2012). Zugegriffen: 10.01.2016
166. Rampacher, C.: XXL-Report: Toshiba-Neuheiten mit Glassfree 3D auf der IFA 2011. Area DVD online (2011). http://www.areadvd.de/hardware/2011/toshiba_ifa.shtml (Erstellt: 04.09.2011). Zugegriffen: 10.01.2016
167. Du Hauron, A.D.: L'art des anaglyphes. In: La triplice photographique des couleurs et l'imprimerie. Gauthier-Villars et fils, Paris (1897). http://cnum.cnam.fr/CGI/fpage.cgi?12KE475/421/100/496/0/0. Zugegriffen: 03.12.2015
168. Brewster, D.: On the laws which regulate the polarisation of light by reflexion from transparent bodies. Phil. Trans. R. Soc. **105**, 125–159 (1815). http://rstl.royalsocietypublishing.org/content/105/125.full.pdf+html. Zugegriffen: 05.12.2015

5 Autostereoskopisches Bild

Ein 3D-Display kann nur dann ein 3D-Bild zeigen, wenn es mit einem Rasterbild angesteuert wird. Durch Metamorphose des Rasterbildes kann der Betrachtungsraum in Größe und Lage verändert werden. Ein ungeeignetes 3D-Bild dagegen kann die 3D-Wahrnehmung erschweren oder gar unmöglich machen.

5.1 Bildgewinnung

Wie in den vorherigen Kapiteln mehrfach erwähnt, werden als Grundlagen des Rasterbildes eines 3D-Display Perspektivansichten verwendet. Die Perspektivansichten können durch reale oder virtuelle Aufnahme von Objekten entstehen. In Abhängigkeit von den vorhandenen Möglichkeiten und den verfügbaren Ressourcen können unterschiedliche Verfahren angewendet werden.

5.1.1 Kameraaufnahme

Bei einer Aufnahme eines Objektes können mehrere Kameras an unterschiedlichen Positionen aufgestellt werden, um ein Objekt aus unterschiedlichen Perspektiven aufzunehmen. Werden die während der Aufnahme synchronisiert, können auch bewegte Szenen aufgenommen werden.

Diese Form der Aufnahme wird mit 2 Kameras bei der Aufnahme stereoskopischer Filme verwendet.

Die Kameras sind auf einen gemeinsamen Rotationspunkt hin ausgerichtet (Abb. 5.1). Objekte, die sich vor dem Rotationspunkt (zwischen Rotationspunkt und Kamera) befinden, werden bei der 3D-Wiedergabe vor dem Bildschirm dargestellt. Objekte im Rotationspunkt befinden sich genau in der Bildschirmebene, Objekte hinter dem Rotationspunkt werden auch hinter dem Monitor gesehen.

A. Grasnick, *3D ohne 3D-Brille*, X.media.press, DOI 10.1007/978-3-642-30510-8_5

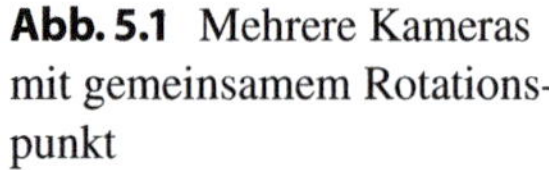

Abb. 5.1 Mehrere Kameras mit gemeinsamem Rotationspunkt

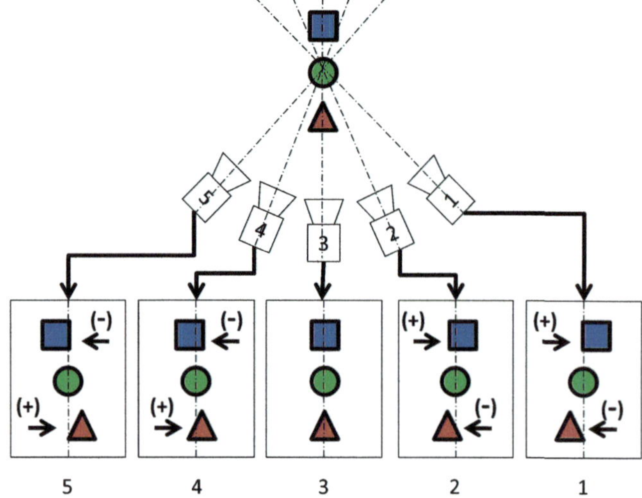

Mit der Aufnahme ist auch die 3D-Staffelung im Raum während der Wiedergabe definiert.

Durch die Verwendung paralleler Kameras (Abb. 5.2) lässt sich auch im Nachhinein ein virtueller Rotationspunkt bestimmen.

Das erfolgt einfach durch Verschiebung der Bilder auf einen gemeinsamen Punkt. Sind z. B. alle einzelnen Perspektiven auf das blaue Quadrat hin verschoben, so liegt dieses bei der Wiedergabe in der Bildschirmebene, Kreis und Dreieck davor. Nachteilig ist jedoch, dass durch die parallele Ausrichtung der nutzbare Bildausschnitt verkleinert wird.

Abb. 5.2 Mehrere Kameras in paralleler Ausrichtung

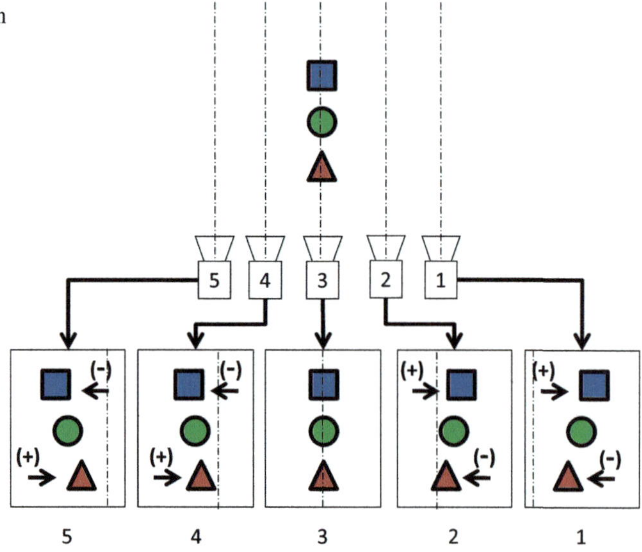

Es bedarf keiner weiteren Erklärung, dass anstelle der Verwendung mehrerer Kameras auch die Veränderung der Position einer Kamera zum gleichen Ergebnis führen wird. Da mit der Neupositionierung der Kameras aber auch eine zeitliche Differenz zwischen den Einzelaufnahmen einhergeht, impliziert diese Vereinfachung den Verzicht auf bewegte Objekte oder Szenen.

Eine weitere Alternative ist bei kleineren (oder virtuellen) Objekten auch die Drehung des Objektes selbst vor einer festen Kamera (Drehtelleranimation).

5.1.2 2D/3D-Konvertierung

Ist die Aufnahme bereits monokular erfolgt, lassen sich die vorherigen Möglichkeiten nicht mehr anwenden. Eine Lösung ist die 2D/3D-Konvertierung. Es ist ohne Zweifel möglich, das monokulare Bild zu kopieren, Objekte auszuschneiden und entsprechend der gewünschten Raumanordnung zu verschieben.

Eine solche Verschiebung wurde in Abb. 5.3 durchgeführt. Der Faun wird im linken Bild nach rechts geschoben, der Hintergrund nach links. Um wieder eine mittige Darstellung in der 3D-Wahrnehmung zu erreichen, erfolgt die entgegengesetzte Verschiebung im rechten Bild.

Die beiden Bilder sind in Abb. 5.4 zu einem Anaglyphenbild zusammengesetzt.

Hier ist auch eine Ausnahme von der Rahmungsregel dargestellt: Schneidet ein Objekt mit negativer Parallaxe (vor dem Bildschirm) das Scheinfenster am unteren Rand, so lässt sich das 3D-Bild dennoch wahrnehmen. Diese Form der „window violation“ ist eher unkritisch.

Der Nachteil einer 2D/3D-Konvertierung liegt in der Tatsache, dass die einzelnen Objekte innerhalb der 3D-Szene flach erscheinen. Es entsteht ein Kulisseneffekt, der zwar 3D-Resultate liefert, aber unrealistisch wirkt. Zudem ist die Bearbeitung mitunter aufwendig. Die einzelnen Objekte müssen zunächst in einer Bildverarbeitungssoftware freigestellt (schablonenartig ausgeschnitten) und in einer neuen Ebene angeordnet werden. Zusätzlich werden durch die Verschiebung des Vordergrundes im Hintergrund Bereiche aufgedeckt, die während der 2-dimensionalen Aufnahme nicht aufgezeichnet wurden. Genau in diesen Bereichen muss das Bild rekonstruiert werden. Mangels vorliegender Informationen besteht hierbei ein gewisser Interpretationsspielraum.

Aus den vorgenannten Gründen werden zur Verschiebung häufig 2D-Objekte gewählt, die sich einfach vor ein Bild legen und verschieben lassen (z. B. Texte oder geometrische Objekte).

Ein weiterer Weg ist die Deformation von Objekten mittels einer Tiefenkarte. Diese Tiefenkarte kann mittels manueller Bearbeitung oder automatisch erfolgen. In Abb. 5.5 wurde eine Fotografie mit einem automatischen Verfahren des Autors konvertiert [1].

Die linke Seite zeigt die fotografische Aufnahme, auf der rechten Seite ist die automatisch generierte Tiefenkarte abgebildet. Hierbei gilt die Konvention, dass helle Bereiche

Abb. 5.3 Il Fauno del Mare, 2D/3D-Konvertierung durch Verschiebung

als Vordergrund, dunkle Bereiche als Hintergrund interpretiert werden. Mit einem 8-Bit-Graustufenbild lassen sich so 256 Abstufungen in der Tiefe erzeugen.

Um ein 3D-Bild aus einem 2D-Bild und einer Tiefenkarte anzufertigen, wird zunächst ein 2-dimensionales Gitternetz erstellt. Die Auflösung des Gitters muss dabei mindestens der Pixel-Auflösung der Tiefenkarte entsprechen.

Abb. 5.4 Il Fauno del Mare, Anaglyph

Abb. 5.5 Volos in 2D mit Tiefenkarte

Die Grauwerte der Tiefenkarte dienen als Verzerrungswerte für das Gitter und führen zu einer Deformation, die der beabsichtigten 3D-Szene entspricht (Abb. 5.6). Um ein vollständiges (farbiges) 3D-Bild zu erhalten, muss das 2D-Bild auf das deformierte Gitter aufgebracht werden.

Dabei wird das 2D-Bild als Oberflächenmaterial auf 3D-Gitter „texturiert". Gitterdeformation und Texturaufbringung lassen sich leicht in einem 3D-Programm bewerkstelligen (Abb. 5.7). Im gleichen Programm kann auch die Berechnung der einzelnen Perspektivansichten erfolgen. Die Anordnung der Kameras erfolgt im virtuellen Raum analog zu der Aufnahme in der realen Welt (Abb. 5.8; Abschn. 5.1.1)

Mitunter ist es wünschenswert, die Ergebnisse der Konvertierung bei vorliegender Tiefenkarte kurzfristig oder sogar in Echtzeit zu erhalten. In diesen Fällen eignet sich eine direkte Transformation, die unmittelbare Verschiebung von Farbwerten anhand der Tiefenkarte (Displacement, Abb. 5.9).

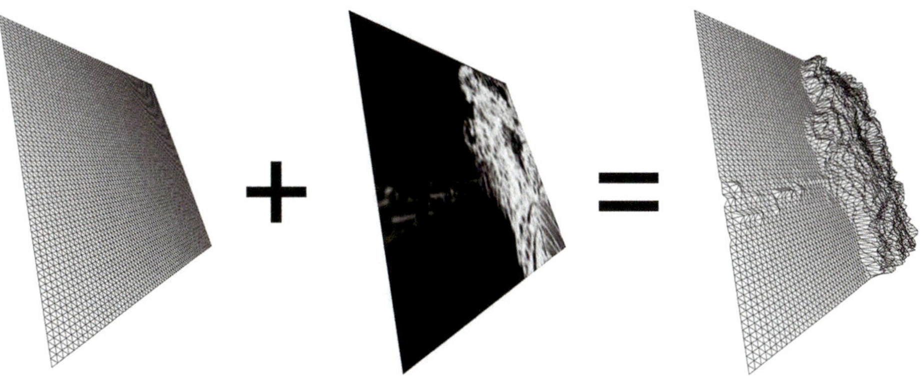

Abb. 5.6 Gitterdeformation durch Tiefenkarte

Abb. 5.7 Deformiertes Gitter mit Textur

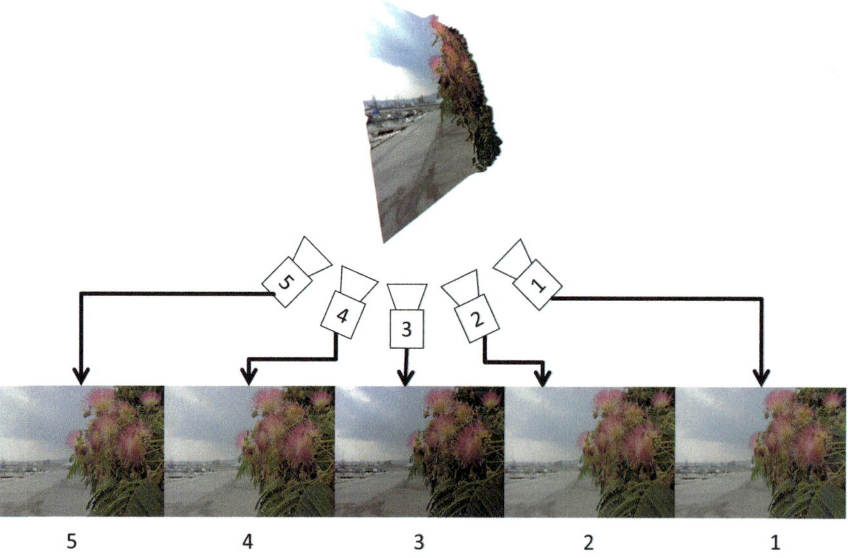

Abb. 5.8 Aufnahme mit virtuellen Kameras

Die so erfolgte Verschiebung entspricht einer senkrechten Parallelprojektion (Orthogonalprojektion).

Eine 2D/3D-Konvertierung durch Verschiebung wird bei der Filmproduktion häufig gemeinsam mit einer Deformation der Ebene durchgeführt. So können realistische 3D-Ebenen erzeugt und deren Position im Raum frei gewählt werden.

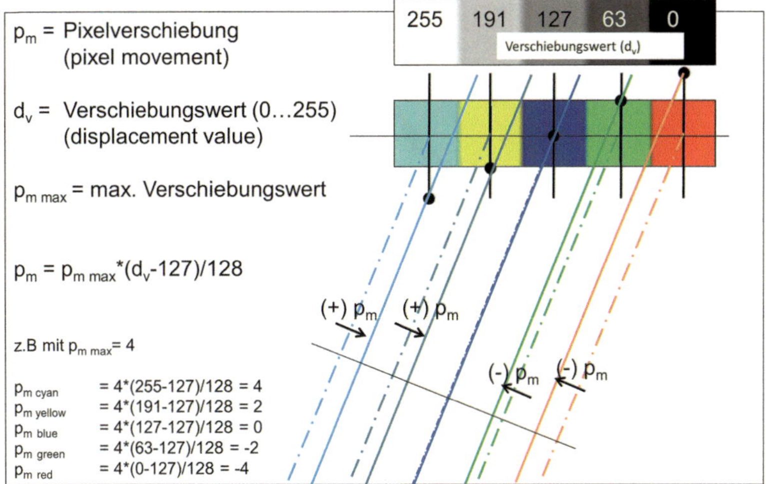

Abb. 5.9 Orthografisches Displacement

5.2 Kombinationsvorschrift

Ein 3D-Rasterbild ist mindestens aus 2 Perspektivbildern zusammengesetzt, die aus leicht unterschiedlichen Blickrichtungen aufgenommen wurden. Die Kombination der Einzelbilder erfolgt nach einer bestimmten Regel, der Kombinationsvorschrift.

5.2.1 Stereoskopische Dreieckszahl

In der autostereoskopischen Wahrnehmung wird der 3D-Eindruck durch mindestens 2 Perspektivansichten, bei Multiview-Displays auch von mehreren Ansichten hervorgerufen. Besieht man sich den Betrachtungsraum eines Multiview-Displays genauer, stellt man unmittelbar fest, dass mehrere Kombinationen von Bildpaaren zu einem korrekten 3D-Eindruck führen können (Abb. 5.10). In Abb. 4.37 ist beispielhaft eine Multiview-Barriere (5-View) dargestellt.

Durch Eintragung der jeweiligen Ansichtennummern in die sich überlagernden Perspektivzonen wird klar, dass sich in jedem Feld unterschiedliche Paarungen der Perspektiven überlagern.

Zur Vereinfachung werden bei den Überlagerungen die beiden Ansichten durch jeweils einen Buchstaben ersetzt (Abb. 5.11): ($1+2 \rightarrow A$; $1+3 \rightarrow B$; $1+4 \rightarrow C$, $1+5 \rightarrow D$; $2+3 \rightarrow E$; $2+4 \rightarrow F$; $2+5 \rightarrow G$; $3+4 \rightarrow H$; $3+5 \rightarrow J$; $4+5 \rightarrow K$). Befinden sich in einer Überlagerung 2 gleiche Nummern, wird die auf diese Nummer reduziert.

Durch Abzählen wird klar, dass exakt 10 unterschiedliche Bildpaare im orthoskopischen Betrachtungsraum eines Bildpaares existieren können. Ein Betrachter nimmt mit

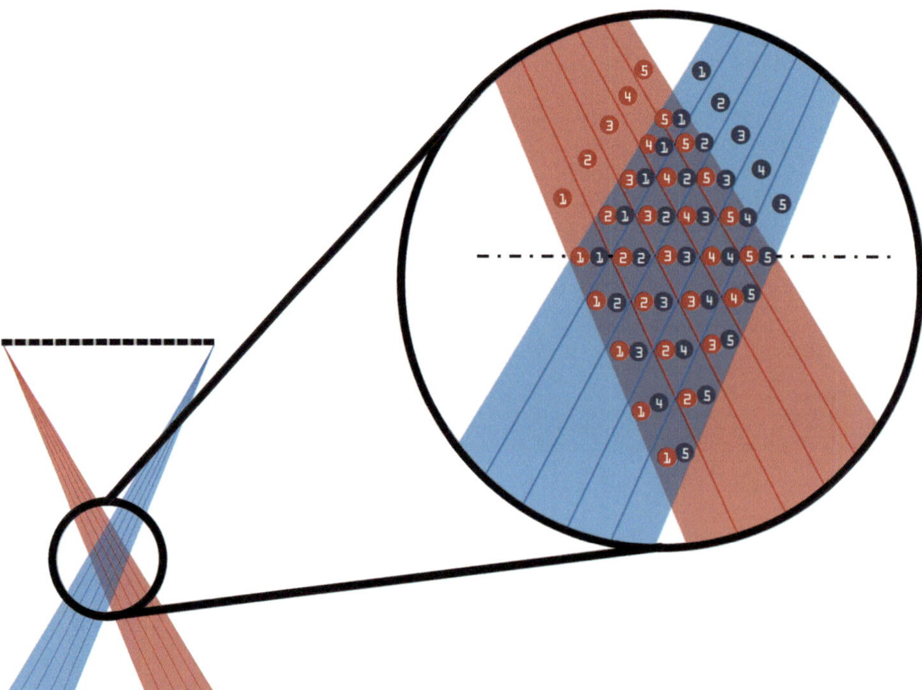

Abb. 5.10 Bildpaare im Betrachtungsraum (5-View)

einem Auge überwiegend eine bestimmte Kombination eines Bildpaares wahr, mit dem anderen Auge ein weiteres (unterschiedliches) Bildpaar. Um einen tiefenrichtigen 3D-Eindruck aus einer bestimmten Betrachtungsposition zu erhalten, müssen die Einzelbilder natürlich in der richtigen Links-Rechts-Abfolge angeordnet sein, weshalb für diese Überlegung nur der orthoskopische Betrachtungsraum zur Bestimmung der autostereoskopischen Bildpaare herangezogen wird. In einer vereinfachten Darstellung (Abb. 5.12) lässt sich dieser Sachverhalt noch besser illustrieren.

Über den Perspektivansichten 1 bis 5 (rot) sind die möglichen Kombinationen dieser Perspektivansichten dargestellt (grün). In der ersten Zeile finden sich noch benachbarte Ansichten (Ansichtenabstand $\delta = 1$). Über diesen sind diejenigen Paare, die in einem Ansichtenabstand von 2 Ansichten ($\delta = 2$), 3 Ansichten ($\delta = 3$) und 4 Ansichten ($\delta = 4$) auseinanderliegen. Die Illustration zeigt die Möglichkeit der Darstellung in einem Dreieck, wodurch sich der Name „autostereoskopische Dreieckszahl“ [2] ableitet.

Die verfügbaren Bildpaare im orthoskopischen Betrachtungsraum treten in der Autostereoskopie an die Stelle der Perspektivansichten, da jedes darstellbare Paar wiederum eine etwas andere Perspektivansicht repräsentiert und somit einen etwas anderen Raumeindruck erzeugt.

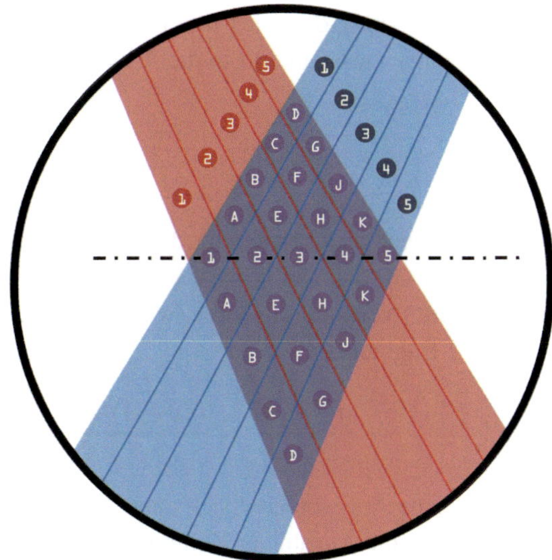

Abb. 5.11 Ersetzung der Bildpaare mit Buchstaben

Die theoretische Anzahl der stereoskopischen Bildpaare im orthoskopischen Betrachtungsraum eines autostereoskopischen Displays (autostereoskopische Dreieckszahl) ist bei Verwendung eines linearen Separationselementes eine 2-dimensionale Zahlenfigur.

Zur Berechnung kann die Gauß-Summenformel angepasst werden, wodurch sich für die autostereoskopische Dreieckszahl Δn_V ein einfaches Verhältnis ergibt:

$$\Delta n_V = \frac{n_V(n_V - 1)}{2}. \tag{5.1}$$

Die verbreitete Bezeichnung der Gauß-Summenformel als „kleiner Gauß" rührt aus folgender Geschichte her, die Waltershausen überliefert hat [3]:

> Der junge Gauss war kaum in die Rechenklasse eingetreten, als Büttner [der Lehrer] die Summation einer arithmetischen Reihe aufgab. Die Aufgabe war indess kaum ausgesprochen als Gauss die Tafel ... auf den Tisch wirft ...

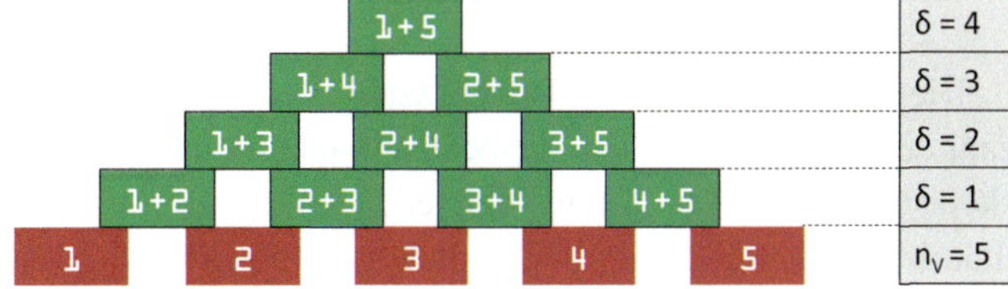

Abb. 5.12 Autostereoskopische Dreieckszahl

Gauß hatte erkannt, dass sich die Summation auch ohne Addition nach einer einfachen Gleichung lösen lässt, und kann die Aufgabe dadurch sofort lösen.

$$\sum_{k=1}^{n} k = \frac{n(n+1)}{2}$$

Die notwendige Abweichung der Summenformel für die autostereoskopische Dreieckszahl (in Gl. 5.1) ergibt sich aus der Tatsache, dass nicht die Ansichtenzahl selbst, sondern deren Verringerung um 1 (wie es in Abb. 5.12 dargestellt ist) betrachtet wird. Mit $n = n_V - 1$ folgt einfach:

$$\frac{n(n+1)}{2} = \frac{(n_V - 1)(n_V - 1 + 1)}{2} = \frac{n_V(n_V - 1)}{2}.$$

Die gleiche Aufgabe lässt sich auch über den Binomialkoeffizienten lösen, der in der Kombinatorik die Anzahl der Kombinationsmöglichkeiten angibt.

Damit vereinfacht sich die Darstellung der autostereoskopischen Dreieckszahl zu $\Delta n_V = n_V$ *über 2*.

$$\Delta n_V = \binom{n_V}{2} \tag{5.2}$$

Beispiel

Die Gln. 5.1 und 5.2 liefern für unterschiedliche Displays korrekte Werte.

In einem 2D-Display ist nur eine Ansicht vorhanden ($n_V = 1$). Damit wird $\Delta n_{V1} = 0$.

Ein stereoskopisches Bildpaar hat 2 Perspektivansichten ($n_V = 2$). Somit ergibt sich nur eine einzige Kombinationsmöglichkeit: $\Delta n_{V2} = 1$.

In Multiview-Displays werden höhere Ansichtenzahlen verwendet:

$\Delta n_{V5} = 10$ (z. B. techXpert 5 „view"),

$\Delta n_{V8} = 28$ (z. B. 4D-Vision 8 „view"),

$\Delta n_{V63} = 1953$ (z. B. Sunny Ocean Studios nominell 64 „view", von denen aber tatsächlich nur 63 verwendet werden).

Die autostereoskopische Dreieckszahl Δn_V repräsentiert die theoretisch mögliche Anzahl der unterschiedlichen Perspektiven, die ein autostereoskopisches Display im orthoskopischen Betrachtungsraum darstellen kann. Damit wird noch keine Aussage zur Qualität der Darstellung getroffen, jedoch ist offensichtlich, dass bei größerem Abstand der Einzelansichten (δ) die monoskopische Überlagerung in den disparaten Anteilen zu einer Unschärfe führen kann und die Kanaltrennung mit größerem δ abnimmt.

Für eine Integralfotografie gilt eine 3-dimensionale Berechnung, da dort durch Nutzung der Vertikalparallaxe auch eine Variation in der Betrachtungshöhe zu unterschiedlichen

Abb. 5.13 Tetraktys [4]

Wahrnehmungen führt. Aus der „autostereoskopische Dreieckszahl" wird dann die „autostereoskopische Pyramidenzahl".

Hintergrundinformationen
Die Dreieckszahl hat seit der Antike eine Bedeutung in der Zahlenmystik, wobei insbesondere die Basis „vier" mit Symbolik aufgeladen ist. Den Pythagoreern galt die „Tetraktys" („Vierheit") als wichtigste Grundlage des Zahlenraums (aus dem sich per Dreieckszahl auch die 10 und damit das dezimale System herleiten lässt) und als eine wesentliche Grundlage der „Weltharmonik".

Wie Keppler 1619 in der „Harmonica Mundi" [4] ausführt, sind mit der Vierheit im pythagoreischen Sinne die Grundwerte „Fundum, Silentium, Mentem, Veritatem" gemeint (Tiefe, Schweigen, Geist, Wahrheit) (Abb. 5.13).

5.2.2 Bildkombination

In einem handelsüblichen Display ist die Anordnung der Pixel in einem 2-dimensionalen Raster festgelegt und in der Regel in der zugehörigen Spezifikation beschrieben. Dabei erfolgt die Adressierung eines einzelnen Pixels nach dessen Position in Zeile und Spalte. In Abb. 5.14 ist die Beschreibung des Bildrasters eines RGB-Panels mit einer Auflösung von 1024 Zeilen und 1280 Spalten dargestellt.

In der Nummerierung jedes Pixels wird zuerst die Zeilennummer und danach die Spaltennummer angegeben. Die Zählung beginnt oben links (1,1) und endet unten rechts (1024,1280). Der generelle Aufbau eines Pixels ist die Strukturierung in RGB-Farbkanäle (Subpixel) und deren Anordnung in definierten Rastern auf dem Bildschirm. Die Form des Pixels und der Subpixel kann zwar in verschiedenen Displaytypen unterschiedlich sein, ist aber immer für ein Display fixiert und nicht variabel.

In Abb. 5.15 finden sich unterschiedliche Beispiele für die Anordnung und Form von Subpixeln in einem Bildschirmraster. Die gebräuchlichste Variante ist unten rechts dargestellt und zeigt die RGB-Anordnung der Pixel eines gewöhnlichen LCDs.

In einer Beschreibung des Rasterbildes des Autors [5] wird eine allgemeine Bestimmung der Perspektivansicht (V), basierend auf der Position des Subpixels, vorgeschlagen.

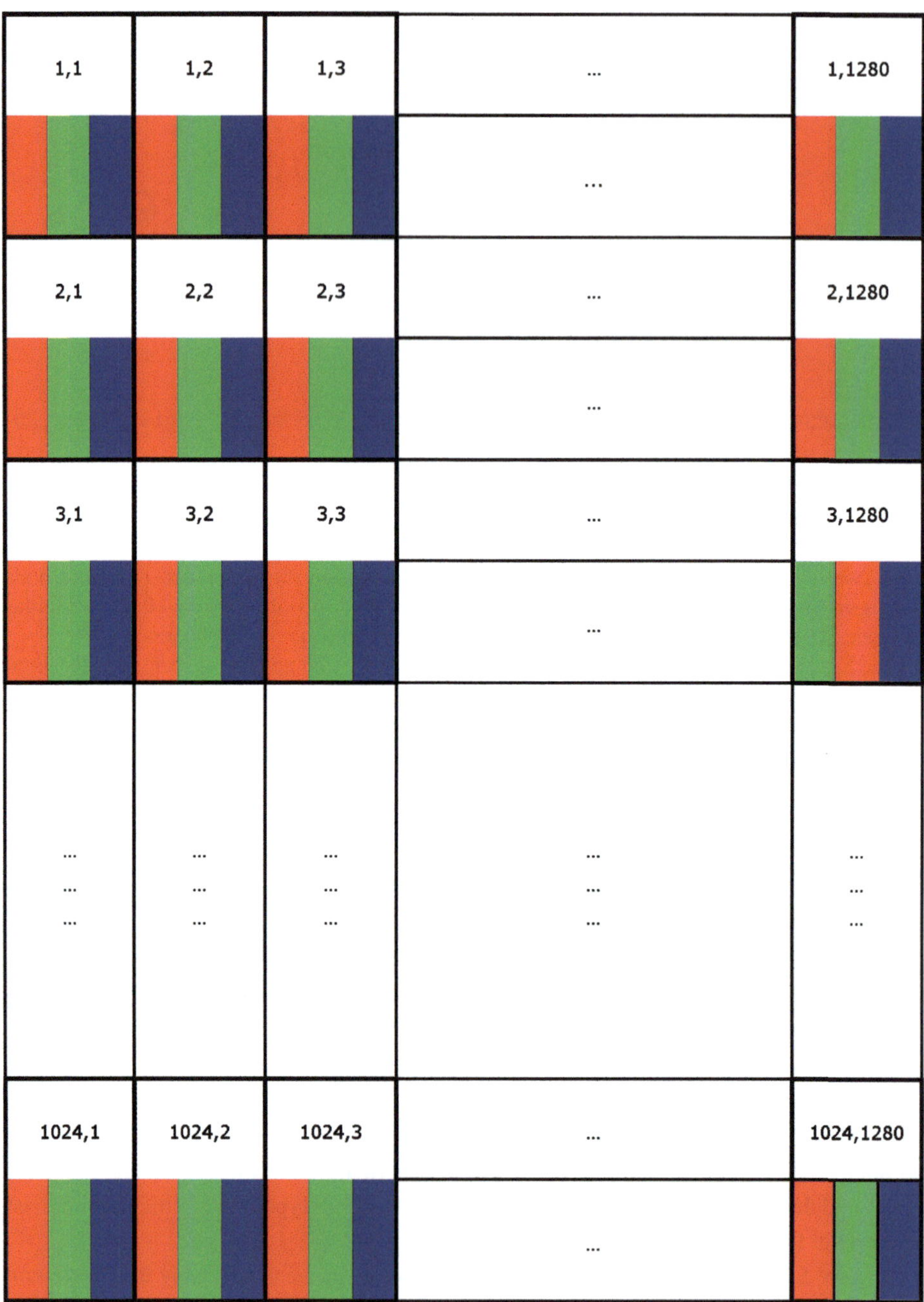

Abb. 5.14 Korrespondenz zwischen Bilddaten und Rasterbild

Abb. 5.15 Pixel-Geometrie. (Peter Halasz [Pengo]/Wikimedia Commons 2008)

Die grundlegenden Überlegungen sind in einer mehrdimensionalen Funktion dargelegt, in der mehrere Arrays (z. B. ein 3-dimensionaler Array-Stapel oder 2 Displays nebeneinander) und weitere Eigenschaften (z. B. Polarisationszustand oder Wellenlänge) beschrieben werden können.

$$V = n_{\mathrm{V}} \mathrm{FractionalPart}\left[\frac{\sum_{i=1}^{m} q_{\mathrm{D}i} \,\mathrm{IntegerPart}\left[\frac{a_i}{q_{\mathrm{R}i}}\right]}{n_{\mathrm{V}}}\right] \tag{5.3}$$

a = Positionsangabe als Funktion des Array-Index

q_{D} = Positionsparameter der jeweiligen Dimension

q_{R} = Wiederholungsparameter der jeweiligen Dimension

Zur Veranschaulichung der obigen Gleichung wurde in [5] ein „spatiotemporales Stereoskop“ erdacht, das aus einem zeitlich getakteten Displaystapel besteht. Damit wird jedes Pixel des Systems mit 4 Koordinaten (x, y, z, t) beschrieben.

In einem 2-dimensionalen Array werden dazu nur die Koordinaten $i,j = f(x,y)$ benötigt. Vier zusätzliche Parameter (q_{A}, q_{B}, q_{X}, q_{Y}) reichen aus, um das Bildraster jedes autostereoskopischen Displays zu beschreiben. In der Gleichung ist die allgemeine 2-dimensionale Form dargestellt:

$$V = n_\mathrm{V} \cdot \mathrm{FractionalPart}\left[\frac{\mathrm{IntegerPart}\left[\frac{i}{q_\mathrm{X}}\right] \cdot q_\mathrm{A} + \mathrm{IntegerPart}\left[\frac{j}{q_\mathrm{Y}}\right] \cdot q_\mathrm{B}}{n_\mathrm{V}}\right] \tag{5.4}$$

(mit $q_\mathrm{X}, q_\mathrm{Y} > 0$).

Die 4 Parameter können zur Einstellung folgender Eigenschaften genutzt werden:

q_A = horizontale Veränderung gegenüber dem Vorwert (horizontales Inkrement),
q_B = vertikale Veränderung gegenüber dem Vorwert (vertikales Inkrement),
q_X = horizontale Wiederholungszahl der Perspektivansicht,
q_Y = vertikale Wiederholungszahl der Perspektivansicht.

Die Gleichung schreibt sich etwas kürzer, wenn eine Division mit Rest (Modulo) verwendet wird und die Wiederholungswerte grundsätzlich den Wert 1 annehmen. Die Gleichung ist somit nicht mehr identisch zur vorherigen Gl. 5.4, sondern beschreibt einen vereinfachten Sonderfall, in dem nur q_A und q_B gegeben sind. Es gilt die Einschränkung, dass q_A und q_B natürliche Zahlen sein müssen:

$$V = \mathrm{Mod}\left[i \cdot q_\mathrm{A} + j \cdot q_\mathrm{B}, n_\mathrm{V}\right]. \tag{5.5}$$

Mit dieser kurzen Gleichung lässt sich für jedes Subpixel des Bildrasters eines Displays die diesem Element zugeordnete Perspektivansicht bestimmen. Zur Beschreibung eines gesamten Bildschirminhalts muss diese Vorschrift natürlich für jeden einzelnen Bildpunkt durchgeführt werden.

Nachfolgend sind einige auf den obigen Gleichungen basierende Beispiele für verschiedene Displays berechnet und in einem 32 × 32 Zellen umfassenden Ausschnitt dargestellt. Hierbei ist zu beachten, dass die horizontale Anordnung immer auf Subpixelebene basiert und nacheinander die RGB-Werte dargestellt werden, auch wenn dies nicht in den Matrizen extra markiert ist.

Die Gl. 5.4 wird immer dann verwendet, wenn Werte für q_X oder q_Y angegeben sind, ansonsten wurde Gl. 5.5 verwendet.

Die Ansichtennummern beginnen mit der Ansicht „0“.

Kombinationsvorschrift Anaglyph

$$n_V = 2,\ q_A = 2,\ q_X = 3,\ q_B = 0,\ q_Y = 1$$

In der Matrix ist also R immer Ansicht 0, G = 1, B = 1 (Abb. 5.16). Das resultierende Bild kann mit einer Rot/Cyan-Anaglyphenbrille betrachtet werden.

0	1	1	0	1	1	0	1	1	0	1	1	0	1	1	0	1	1	0	1	1	0	1	1	0	1	1	0	1	1	0	1
0	1	1	0	1	1	0	1	1	0	1	1	0	1	1	0	1	1	0	1	1	0	1	1	0	1	1	0	1	1	0	1
0	1	1	0	1	1	0	1	1	0	1	1	0	1	1	0	1	1	0	1	1	0	1	1	0	1	1	0	1	1	0	1
0	1	1	0	1	1	0	1	1	0	1	1	0	1	1	0	1	1	0	1	1	0	1	1	0	1	1	0	1	1	0	1
0	1	1	0	1	1	0	1	1	0	1	1	0	1	1	0	1	1	0	1	1	0	1	1	0	1	1	0	1	1	0	1
0	1	1	0	1	1	0	1	1	0	1	1	0	1	1	0	1	1	0	1	1	0	1	1	0	1	1	0	1	1	0	1
0	1	1	0	1	1	0	1	1	0	1	1	0	1	1	0	1	1	0	1	1	0	1	1	0	1	1	0	1	1	0	1
0	1	1	0	1	1	0	1	1	0	1	1	0	1	1	0	1	1	0	1	1	0	1	1	0	1	1	0	1	1	0	1
0	1	1	0	1	1	0	1	1	0	1	1	0	1	1	0	1	1	0	1	1	0	1	1	0	1	1	0	1	1	0	1
0	1	1	0	1	1	0	1	1	0	1	1	0	1	1	0	1	1	0	1	1	0	1	1	0	1	1	0	1	1	0	1
0	1	1	0	1	1	0	1	1	0	1	1	0	1	1	0	1	1	0	1	1	0	1	1	0	1	1	0	1	1	0	1
0	1	1	0	1	1	0	1	1	0	1	1	0	1	1	0	1	1	0	1	1	0	1	1	0	1	1	0	1	1	0	1
0	1	1	0	1	1	0	1	1	0	1	1	0	1	1	0	1	1	0	1	1	0	1	1	0	1	1	0	1	1	0	1
0	1	1	0	1	1	0	1	1	0	1	1	0	1	1	0	1	1	0	1	1	0	1	1	0	1	1	0	1	1	0	1
0	1	1	0	1	1	0	1	1	0	1	1	0	1	1	0	1	1	0	1	1	0	1	1	0	1	1	0	1	1	0	1
0	1	1	0	1	1	0	1	1	0	1	1	0	1	1	0	1	1	0	1	1	0	1	1	0	1	1	0	1	1	0	1
0	1	1	0	1	1	0	1	1	0	1	1	0	1	1	0	1	1	0	1	1	0	1	1	0	1	1	0	1	1	0	1
0	1	1	0	1	1	0	1	1	0	1	1	0	1	1	0	1	1	0	1	1	0	1	1	0	1	1	0	1	1	0	1
0	1	1	0	1	1	0	1	1	0	1	1	0	1	1	0	1	1	0	1	1	0	1	1	0	1	1	0	1	1	0	1
0	1	1	0	1	1	0	1	1	0	1	1	0	1	1	0	1	1	0	1	1	0	1	1	0	1	1	0	1	1	0	1
0	1	1	0	1	1	0	1	1	0	1	1	0	1	1	0	1	1	0	1	1	0	1	1	0	1	1	0	1	1	0	1
0	1	1	0	1	1	0	1	1	0	1	1	0	1	1	0	1	1	0	1	1	0	1	1	0	1	1	0	1	1	0	1
0	1	1	0	1	1	0	1	1	0	1	1	0	1	1	0	1	1	0	1	1	0	1	1	0	1	1	0	1	1	0	1
0	1	1	0	1	1	0	1	1	0	1	1	0	1	1	0	1	1	0	1	1	0	1	1	0	1	1	0	1	1	0	1
0	1	1	0	1	1	0	1	1	0	1	1	0	1	1	0	1	1	0	1	1	0	1	1	0	1	1	0	1	1	0	1
0	1	1	0	1	1	0	1	1	0	1	1	0	1	1	0	1	1	0	1	1	0	1	1	0	1	1	0	1	1	0	1
0	1	1	0	1	1	0	1	1	0	1	1	0	1	1	0	1	1	0	1	1	0	1	1	0	1	1	0	1	1	0	1
0	1	1	0	1	1	0	1	1	0	1	1	0	1	1	0	1	1	0	1	1	0	1	1	0	1	1	0	1	1	0	1
0	1	1	0	1	1	0	1	1	0	1	1	0	1	1	0	1	1	0	1	1	0	1	1	0	1	1	0	1	1	0	1
0	1	1	0	1	1	0	1	1	0	1	1	0	1	1	0	1	1	0	1	1	0	1	1	0	1	1	0	1	1	0	1
0	1	1	0	1	1	0	1	1	0	1	1	0	1	1	0	1	1	0	1	1	0	1	1	0	1	1	0	1	1	0	1
0	1	1	0	1	1	0	1	1	0	1	1	0	1	1	0	1	1	0	1	1	0	1	1	0	1	1	0	1	1	0	1

Abb. 5.16 Rasterbild Anaglyph (Rot, Cyan)

Kombinationsvorschrift Sharp (2-View)

$$n_V = 2,\ q_A = 1,\ q_B = 0$$

Die Zuordnung des Sharp-2-View-Displays erfolgte abwechselnd auf Subpixelebene, wodurch die durch diese Anordnung verursachten Farbeffekte (beschrieben in Abschn. 4.4.3.3) tatsächlich auftreten (Abb. 5.17).

0	1	0	1	0	1	0	1	0	1	0	1	0	1	0	1	0	1	0	1	0	1	0	1	0	1	0	1	0	1	0	1
0	1	0	1	0	1	0	1	0	1	0	1	0	1	0	1	0	1	0	1	0	1	0	1	0	1	0	1	0	1	0	1
0	1	0	1	0	1	0	1	0	1	0	1	0	1	0	1	0	1	0	1	0	1	0	1	0	1	0	1	0	1	0	1
0	1	0	1	0	1	0	1	0	1	0	1	0	1	0	1	0	1	0	1	0	1	0	1	0	1	0	1	0	1	0	1
0	1	0	1	0	1	0	1	0	1	0	1	0	1	0	1	0	1	0	1	0	1	0	1	0	1	0	1	0	1	0	1
0	1	0	1	0	1	0	1	0	1	0	1	0	1	0	1	0	1	0	1	0	1	0	1	0	1	0	1	0	1	0	1
0	1	0	1	0	1	0	1	0	1	0	1	0	1	0	1	0	1	0	1	0	1	0	1	0	1	0	1	0	1	0	1
0	1	0	1	0	1	0	1	0	1	0	1	0	1	0	1	0	1	0	1	0	1	0	1	0	1	0	1	0	1	0	1
0	1	0	1	0	1	0	1	0	1	0	1	0	1	0	1	0	1	0	1	0	1	0	1	0	1	0	1	0	1	0	1
0	1	0	1	0	1	0	1	0	1	0	1	0	1	0	1	0	1	0	1	0	1	0	1	0	1	0	1	0	1	0	1
0	1	0	1	0	1	0	1	0	1	0	1	0	1	0	1	0	1	0	1	0	1	0	1	0	1	0	1	0	1	0	1
0	1	0	1	0	1	0	1	0	1	0	1	0	1	0	1	0	1	0	1	0	1	0	1	0	1	0	1	0	1	0	1
0	1	0	1	0	1	0	1	0	1	0	1	0	1	0	1	0	1	0	1	0	1	0	1	0	1	0	1	0	1	0	1
0	1	0	1	0	1	0	1	0	1	0	1	0	1	0	1	0	1	0	1	0	1	0	1	0	1	0	1	0	1	0	1
0	1	0	1	0	1	0	1	0	1	0	1	0	1	0	1	0	1	0	1	0	1	0	1	0	1	0	1	0	1	0	1
0	1	0	1	0	1	0	1	0	1	0	1	0	1	0	1	0	1	0	1	0	1	0	1	0	1	0	1	0	1	0	1
0	1	0	1	0	1	0	1	0	1	0	1	0	1	0	1	0	1	0	1	0	1	0	1	0	1	0	1	0	1	0	1
0	1	0	1	0	1	0	1	0	1	0	1	0	1	0	1	0	1	0	1	0	1	0	1	0	1	0	1	0	1	0	1
0	1	0	1	0	1	0	1	0	1	0	1	0	1	0	1	0	1	0	1	0	1	0	1	0	1	0	1	0	1	0	1
0	1	0	1	0	1	0	1	0	1	0	1	0	1	0	1	0	1	0	1	0	1	0	1	0	1	0	1	0	1	0	1
0	1	0	1	0	1	0	1	0	1	0	1	0	1	0	1	0	1	0	1	0	1	0	1	0	1	0	1	0	1	0	1
0	1	0	1	0	1	0	1	0	1	0	1	0	1	0	1	0	1	0	1	0	1	0	1	0	1	0	1	0	1	0	1
0	1	0	1	0	1	0	1	0	1	0	1	0	1	0	1	0	1	0	1	0	1	0	1	0	1	0	1	0	1	0	1
0	1	0	1	0	1	0	1	0	1	0	1	0	1	0	1	0	1	0	1	0	1	0	1	0	1	0	1	0	1	0	1
0	1	0	1	0	1	0	1	0	1	0	1	0	1	0	1	0	1	0	1	0	1	0	1	0	1	0	1	0	1	0	1
0	1	0	1	0	1	0	1	0	1	0	1	0	1	0	1	0	1	0	1	0	1	0	1	0	1	0	1	0	1	0	1
0	1	0	1	0	1	0	1	0	1	0	1	0	1	0	1	0	1	0	1	0	1	0	1	0	1	0	1	0	1	0	1
0	1	0	1	0	1	0	1	0	1	0	1	0	1	0	1	0	1	0	1	0	1	0	1	0	1	0	1	0	1	0	1
0	1	0	1	0	1	0	1	0	1	0	1	0	1	0	1	0	1	0	1	0	1	0	1	0	1	0	1	0	1	0	1
0	1	0	1	0	1	0	1	0	1	0	1	0	1	0	1	0	1	0	1	0	1	0	1	0	1	0	1	0	1	0	1
0	1	0	1	0	1	0	1	0	1	0	1	0	1	0	1	0	1	0	1	0	1	0	1	0	1	0	1	0	1	0	1
0	1	0	1	0	1	0	1	0	1	0	1	0	1	0	1	0	1	0	1	0	1	0	1	0	1	0	1	0	1	0	1

Abb. 5.17 Rasterbild Sharp 2-View

Kombinationsvorschrift HHI (2-View)

$$n_V = 2,\ q_A = 1,\ q_B = 0,\ q_X = 3,\ q_Y = 1$$

In diesem Display sind die RGB-Werte in einem Pixel jeweils von der gleichen Perspektivansicht belegt (Abb. 5.18).

0	0	0	1	1	1	0	0	0	1	1	1	0	0	0	1	1	1	0	0	0	1	1	1	0	0	0	1	1	1	0	0	0
0	0	0	1	1	1	0	0	0	1	1	1	0	0	0	1	1	1	0	0	0	1	1	1	0	0	0	1	1	1	0	0	0
0	0	0	1	1	1	0	0	0	1	1	1	0	0	0	1	1	1	0	0	0	1	1	1	0	0	0	1	1	1	0	0	0
0	0	0	1	1	1	0	0	0	1	1	1	0	0	0	1	1	1	0	0	0	1	1	1	0	0	0	1	1	1	0	0	0
0	0	0	1	1	1	0	0	0	1	1	1	0	0	0	1	1	1	0	0	0	1	1	1	0	0	0	1	1	1	0	0	0
0	0	0	1	1	1	0	0	0	1	1	1	0	0	0	1	1	1	0	0	0	1	1	1	0	0	0	1	1	1	0	0	0
0	0	0	1	1	1	0	0	0	1	1	1	0	0	0	1	1	1	0	0	0	1	1	1	0	0	0	1	1	1	0	0	0
0	0	0	1	1	1	0	0	0	1	1	1	0	0	0	1	1	1	0	0	0	1	1	1	0	0	0	1	1	1	0	0	0
0	0	0	1	1	1	0	0	0	1	1	1	0	0	0	1	1	1	0	0	0	1	1	1	0	0	0	1	1	1	0	0	0
0	0	0	1	1	1	0	0	0	1	1	1	0	0	0	1	1	1	0	0	0	1	1	1	0	0	0	1	1	1	0	0	0
0	0	0	1	1	1	0	0	0	1	1	1	0	0	0	1	1	1	0	0	0	1	1	1	0	0	0	1	1	1	0	0	0
0	0	0	1	1	1	0	0	0	1	1	1	0	0	0	1	1	1	0	0	0	1	1	1	0	0	0	1	1	1	0	0	0
0	0	0	1	1	1	0	0	0	1	1	1	0	0	0	1	1	1	0	0	0	1	1	1	0	0	0	1	1	1	0	0	0
0	0	0	1	1	1	0	0	0	1	1	1	0	0	0	1	1	1	0	0	0	1	1	1	0	0	0	1	1	1	0	0	0
0	0	0	1	1	1	0	0	0	1	1	1	0	0	0	1	1	1	0	0	0	1	1	1	0	0	0	1	1	1	0	0	0
0	0	0	1	1	1	0	0	0	1	1	1	0	0	0	1	1	1	0	0	0	1	1	1	0	0	0	1	1	1	0	0	0
0	0	0	1	1	1	0	0	0	1	1	1	0	0	0	1	1	1	0	0	0	1	1	1	0	0	0	1	1	1	0	0	0
0	0	0	1	1	1	0	0	0	1	1	1	0	0	0	1	1	1	0	0	0	1	1	1	0	0	0	1	1	1	0	0	0
0	0	0	1	1	1	0	0	0	1	1	1	0	0	0	1	1	1	0	0	0	1	1	1	0	0	0	1	1	1	0	0	0
0	0	0	1	1	1	0	0	0	1	1	1	0	0	0	1	1	1	0	0	0	1	1	1	0	0	0	1	1	1	0	0	0
0	0	0	1	1	1	0	0	0	1	1	1	0	0	0	1	1	1	0	0	0	1	1	1	0	0	0	1	1	1	0	0	0
0	0	0	1	1	1	0	0	0	1	1	1	0	0	0	1	1	1	0	0	0	1	1	1	0	0	0	1	1	1	0	0	0
0	0	0	1	1	1	0	0	0	1	1	1	0	0	0	1	1	1	0	0	0	1	1	1	0	0	0	1	1	1	0	0	0
0	0	0	1	1	1	0	0	0	1	1	1	0	0	0	1	1	1	0	0	0	1	1	1	0	0	0	1	1	1	0	0	0
0	0	0	1	1	1	0	0	0	1	1	1	0	0	0	1	1	1	0	0	0	1	1	1	0	0	0	1	1	1	0	0	0
0	0	0	1	1	1	0	0	0	1	1	1	0	0	0	1	1	1	0	0	0	1	1	1	0	0	0	1	1	1	0	0	0
0	0	0	1	1	1	0	0	0	1	1	1	0	0	0	1	1	1	0	0	0	1	1	1	0	0	0	1	1	1	0	0	0
0	0	0	1	1	1	0	0	0	1	1	1	0	0	0	1	1	1	0	0	0	1	1	1	0	0	0	1	1	1	0	0	0
0	0	0	1	1	1	0	0	0	1	1	1	0	0	0	1	1	1	0	0	0	1	1	1	0	0	0	1	1	1	0	0	0
0	0	0	1	1	1	0	0	0	1	1	1	0	0	0	1	1	1	0	0	0	1	1	1	0	0	0	1	1	1	0	0	0
0	0	0	1	1	1	0	0	0	1	1	1	0	0	0	1	1	1	0	0	0	1	1	1	0	0	0	1	1	1	0	0	0
0	0	0	1	1	1	0	0	0	1	1	1	0	0	0	1	1	1	0	0	0	1	1	1	0	0	0	1	1	1	0	0	0
0	0	0	1	1	1	0	0	0	1	1	1	0	0	0	1	1	1	0	0	0	1	1	1	0	0	0	1	1	1	0	0	0

Abb. 5.18 Rasterbild HHI 2-View

Kombinationsvorschrift Sanyo (4-View)

$$n_V = 4,\ q_A = 1,\ q_B = 1$$

Die Werte $q_A = 1$ und $q_B = 1$ führen zu einer Subpixelanordnung mit einem einfachem Versatz (1 Subpixel) (Abb. 5.19).

0	1	2	3	0	1	2	3	0	1	2	3	0	1	2	3	0	1	2	3	0	1	2	3	0	1	2	3	0	1	2	3
1	2	3	0	1	2	3	0	1	2	3	0	1	2	3	0	1	2	3	0	1	2	3	0	1	2	3	0	1	2	3	0
2	3	0	1	2	3	0	1	2	3	0	1	2	3	0	1	2	3	0	1	2	3	0	1	2	3	0	1	2	3	0	1
3	0	1	2	3	0	1	2	3	0	1	2	3	0	1	2	3	0	1	2	3	0	1	2	3	0	1	2	3	0	1	2
0	1	2	3	0	1	2	3	0	1	2	3	0	1	2	3	0	1	2	3	0	1	2	3	0	1	2	3	0	1	2	3
1	2	3	0	1	2	3	0	1	2	3	0	1	2	3	0	1	2	3	0	1	2	3	0	1	2	3	0	1	2	3	0
2	3	0	1	2	3	0	1	2	3	0	1	2	3	0	1	2	3	0	1	2	3	0	1	2	3	0	1	2	3	0	1
3	0	1	2	3	0	1	2	3	0	1	2	3	0	1	2	3	0	1	2	3	0	1	2	3	0	1	2	3	0	1	2
0	1	2	3	0	1	2	3	0	1	2	3	0	1	2	3	0	1	2	3	0	1	2	3	0	1	2	3	0	1	2	3
1	2	3	0	1	2	3	0	1	2	3	0	1	2	3	0	1	2	3	0	1	2	3	0	1	2	3	0	1	2	3	0
2	3	0	1	2	3	0	1	2	3	0	1	2	3	0	1	2	3	0	1	2	3	0	1	2	3	0	1	2	3	0	1
3	0	1	2	3	0	1	2	3	0	1	2	3	0	1	2	3	0	1	2	3	0	1	2	3	0	1	2	3	0	1	2
0	1	2	3	0	1	2	3	0	1	2	3	0	1	2	3	0	1	2	3	0	1	2	3	0	1	2	3	0	1	2	3
1	2	3	0	1	2	3	0	1	2	3	0	1	2	3	0	1	2	3	0	1	2	3	0	1	2	3	0	1	2	3	0
2	3	0	1	2	3	0	1	2	3	0	1	2	3	0	1	2	3	0	1	2	3	0	1	2	3	0	1	2	3	0	1
3	0	1	2	3	0	1	2	3	0	1	2	3	0	1	2	3	0	1	2	3	0	1	2	3	0	1	2	3	0	1	2
0	1	2	3	0	1	2	3	0	1	2	3	0	1	2	3	0	1	2	3	0	1	2	3	0	1	2	3	0	1	2	3
1	2	3	0	1	2	3	0	1	2	3	0	1	2	3	0	1	2	3	0	1	2	3	0	1	2	3	0	1	2	3	0
2	3	0	1	2	3	0	1	2	3	0	1	2	3	0	1	2	3	0	1	2	3	0	1	2	3	0	1	2	3	0	1
3	0	1	2	3	0	1	2	3	0	1	2	3	0	1	2	3	0	1	2	3	0	1	2	3	0	1	2	3	0	1	2
0	1	2	3	0	1	2	3	0	1	2	3	0	1	2	3	0	1	2	3	0	1	2	3	0	1	2	3	0	1	2	3
1	2	3	0	1	2	3	0	1	2	3	0	1	2	3	0	1	2	3	0	1	2	3	0	1	2	3	0	1	2	3	0
2	3	0	1	2	3	0	1	2	3	0	1	2	3	0	1	2	3	0	1	2	3	0	1	2	3	0	1	2	3	0	1
3	0	1	2	3	0	1	2	3	0	1	2	3	0	1	2	3	0	1	2	3	0	1	2	3	0	1	2	3	0	1	2
0	1	2	3	0	1	2	3	0	1	2	3	0	1	2	3	0	1	2	3	0	1	2	3	0	1	2	3	0	1	2	3
1	2	3	0	1	2	3	0	1	2	3	0	1	2	3	0	1	2	3	0	1	2	3	0	1	2	3	0	1	2	3	0
2	3	0	1	2	3	0	1	2	3	0	1	2	3	0	1	2	3	0	1	2	3	0	1	2	3	0	1	2	3	0	1
3	0	1	2	3	0	1	2	3	0	1	2	3	0	1	2	3	0	1	2	3	0	1	2	3	0	1	2	3	0	1	2
0	1	2	3	0	1	2	3	0	1	2	3	0	1	2	3	0	1	2	3	0	1	2	3	0	1	2	3	0	1	2	3
1	2	3	0	1	2	3	0	1	2	3	0	1	2	3	0	1	2	3	0	1	2	3	0	1	2	3	0	1	2	3	0
2	3	0	1	2	3	0	1	2	3	0	1	2	3	0	1	2	3	0	1	2	3	0	1	2	3	0	1	2	3	0	1
3	0	1	2	3	0	1	2	3	0	1	2	3	0	1	2	3	0	1	2	3	0	1	2	3	0	1	2	3	0	1	2

Abb. 5.19 Rasterbild Sanyo 4-View

Kombinationsvorschrift techXpert (5-View)

$$n_V = 5,\ q_A = 1,\ q_B = 1$$

Hier wird gegenüber dem Sanyo-4-View-Display eine zusätzliche Ansicht verwendet (Abb. 5.20). Dadurch wird der Betrachtungsraum etwas größer, und die Moirés werden geringer.

0	1	2	3	4	0	1	2	3	4	0	1	2	3	4	0	1	2	3	4	0	1	2	3	4	0	1	2	3	4	0	1
1	2	3	4	0	1	2	3	4	0	1	2	3	4	0	1	2	3	4	0	1	2	3	4	0	1	2	3	4	0	1	2
2	3	4	0	1	2	3	4	0	1	2	3	4	0	1	2	3	4	0	1	2	3	4	0	1	2	3	4	0	1	2	3
3	4	0	1	2	3	4	0	1	2	3	4	0	1	2	3	4	0	1	2	3	4	0	1	2	3	4	0	1	2	3	4
4	0	1	2	3	4	0	1	2	3	4	0	1	2	3	4	0	1	2	3	4	0	1	2	3	4	0	1	2	3	4	0
0	1	2	3	4	0	1	2	3	4	0	1	2	3	4	0	1	2	3	4	0	1	2	3	4	0	1	2	3	4	0	1
1	2	3	4	0	1	2	3	4	0	1	2	3	4	0	1	2	3	4	0	1	2	3	4	0	1	2	3	4	0	1	2
2	3	4	0	1	2	3	4	0	1	2	3	4	0	1	2	3	4	0	1	2	3	4	0	1	2	3	4	0	1	2	3
3	4	0	1	2	3	4	0	1	2	3	4	0	1	2	3	4	0	1	2	3	4	0	1	2	3	4	0	1	2	3	4
4	0	1	2	3	4	0	1	2	3	4	0	1	2	3	4	0	1	2	3	4	0	1	2	3	4	0	1	2	3	4	0
0	1	2	3	4	0	1	2	3	4	0	1	2	3	4	0	1	2	3	4	0	1	2	3	4	0	1	2	3	4	0	1
1	2	3	4	0	1	2	3	4	0	1	2	3	4	0	1	2	3	4	0	1	2	3	4	0	1	2	3	4	0	1	2
2	3	4	0	1	2	3	4	0	1	2	3	4	0	1	2	3	4	0	1	2	3	4	0	1	2	3	4	0	1	2	3
3	4	0	1	2	3	4	0	1	2	3	4	0	1	2	3	4	0	1	2	3	4	0	1	2	3	4	0	1	2	3	4
4	0	1	2	3	4	0	1	2	3	4	0	1	2	3	4	0	1	2	3	4	0	1	2	3	4	0	1	2	3	4	0
0	1	2	3	4	0	1	2	3	4	0	1	2	3	4	0	1	2	3	4	0	1	2	3	4	0	1	2	3	4	0	1
1	2	3	4	0	1	2	3	4	0	1	2	3	4	0	1	2	3	4	0	1	2	3	4	0	1	2	3	4	0	1	2
2	3	4	0	1	2	3	4	0	1	2	3	4	0	1	2	3	4	0	1	2	3	4	0	1	2	3	4	0	1	2	3
3	4	0	1	2	3	4	0	1	2	3	4	0	1	2	3	4	0	1	2	3	4	0	1	2	3	4	0	1	2	3	4
4	0	1	2	3	4	0	1	2	3	4	0	1	2	3	4	0	1	2	3	4	0	1	2	3	4	0	1	2	3	4	0
0	1	2	3	4	0	1	2	3	4	0	1	2	3	4	0	1	2	3	4	0	1	2	3	4	0	1	2	3	4	0	1
1	2	3	4	0	1	2	3	4	0	1	2	3	4	0	1	2	3	4	0	1	2	3	4	0	1	2	3	4	0	1	2
2	3	4	0	1	2	3	4	0	1	2	3	4	0	1	2	3	4	0	1	2	3	4	0	1	2	3	4	0	1	2	3
3	4	0	1	2	3	4	0	1	2	3	4	0	1	2	3	4	0	1	2	3	4	0	1	2	3	4	0	1	2	3	4
4	0	1	2	3	4	0	1	2	3	4	0	1	2	3	4	0	1	2	3	4	0	1	2	3	4	0	1	2	3	4	0
0	1	2	3	4	0	1	2	3	4	0	1	2	3	4	0	1	2	3	4	0	1	2	3	4	0	1	2	3	4	0	1
1	2	3	4	0	1	2	3	4	0	1	2	3	4	0	1	2	3	4	0	1	2	3	4	0	1	2	3	4	0	1	2
2	3	4	0	1	2	3	4	0	1	2	3	4	0	1	2	3	4	0	1	2	3	4	0	1	2	3	4	0	1	2	3
3	4	0	1	2	3	4	0	1	2	3	4	0	1	2	3	4	0	1	2	3	4	0	1	2	3	4	0	1	2	3	4
4	0	1	2	3	4	0	1	2	3	4	0	1	2	3	4	0	1	2	3	4	0	1	2	3	4	0	1	2	3	4	0
0	1	2	3	4	0	1	2	3	4	0	1	2	3	4	0	1	2	3	4	0	1	2	3	4	0	1	2	3	4	0	1
1	2	3	4	0	1	2	3	4	0	1	2	3	4	0	1	2	3	4	0	1	2	3	4	0	1	2	3	4	0	1	2

Abb. 5.20 Rasterbild techXpert 5-View

Kombinationsvorschrift 4D-Vision (8-View)

$$n_V = 8,\ q_A = 1,\ q_B = 1$$

Die einfache 8-View-Barriere erlaubt einen großen Betrachtungsraum und liefert eine anständige Kanaltrennung (Abb. 5.21). Allerdings wird durch die Verwendung der Parallaxbarriere die Transmission stark heruntergesetzt.

0	1	2	3	4	5	6	7	0	1	2	3	4	5	6	7	0	1	2	3	4	5	6	7	0	1	2	3	4	5	6	7
1	2	3	4	5	6	7	0	1	2	3	4	5	6	7	0	1	2	3	4	5	6	7	0	1	2	3	4	5	6	7	0
2	3	4	5	6	7	0	1	2	3	4	5	6	7	0	1	2	3	4	5	6	7	0	1	2	3	4	5	6	7	0	1
3	4	5	6	7	0	1	2	3	4	5	6	7	0	1	2	3	4	5	6	7	0	1	2	3	4	5	6	7	0	1	2
4	5	6	7	0	1	2	3	4	5	6	7	0	1	2	3	4	5	6	7	0	1	2	3	4	5	6	7	0	1	2	3
5	6	7	0	1	2	3	4	5	6	7	0	1	2	3	4	5	6	7	0	1	2	3	4	5	6	7	0	1	2	3	4
6	7	0	1	2	3	4	5	6	7	0	1	2	3	4	5	6	7	0	1	2	3	4	5	6	7	0	1	2	3	4	5
7	0	1	2	3	4	5	6	7	0	1	2	3	4	5	6	7	0	1	2	3	4	5	6	7	0	1	2	3	4	5	6
0	1	2	3	4	5	6	7	0	1	2	3	4	5	6	7	0	1	2	3	4	5	6	7	0	1	2	3	4	5	6	7
1	2	3	4	5	6	7	0	1	2	3	4	5	6	7	0	1	2	3	4	5	6	7	0	1	2	3	4	5	6	7	0
2	3	4	5	6	7	0	1	2	3	4	5	6	7	0	1	2	3	4	5	6	7	0	1	2	3	4	5	6	7	0	1
3	4	5	6	7	0	1	2	3	4	5	6	7	0	1	2	3	4	5	6	7	0	1	2	3	4	5	6	7	0	1	2
4	5	6	7	0	1	2	3	4	5	6	7	0	1	2	3	4	5	6	7	0	1	2	3	4	5	6	7	0	1	2	3
5	6	7	0	1	2	3	4	5	6	7	0	1	2	3	4	5	6	7	0	1	2	3	4	5	6	7	0	1	2	3	4
6	7	0	1	2	3	4	5	6	7	0	1	2	3	4	5	6	7	0	1	2	3	4	5	6	7	0	1	2	3	4	5
7	0	1	2	3	4	5	6	7	0	1	2	3	4	5	6	7	0	1	2	3	4	5	6	7	0	1	2	3	4	5	6
0	1	2	3	4	5	6	7	0	1	2	3	4	5	6	7	0	1	2	3	4	5	6	7	0	1	2	3	4	5	6	7
1	2	3	4	5	6	7	0	1	2	3	4	5	6	7	0	1	2	3	4	5	6	7	0	1	2	3	4	5	6	7	0
2	3	4	5	6	7	0	1	2	3	4	5	6	7	0	1	2	3	4	5	6	7	0	1	2	3	4	5	6	7	0	1
3	4	5	6	7	0	1	2	3	4	5	6	7	0	1	2	3	4	5	6	7	0	1	2	3	4	5	6	7	0	1	2
4	5	6	7	0	1	2	3	4	5	6	7	0	1	2	3	4	5	6	7	0	1	2	3	4	5	6	7	0	1	2	3
5	6	7	0	1	2	3	4	5	6	7	0	1	2	3	4	5	6	7	0	1	2	3	4	5	6	7	0	1	2	3	4
6	7	0	1	2	3	4	5	6	7	0	1	2	3	4	5	6	7	0	1	2	3	4	5	6	7	0	1	2	3	4	5
7	0	1	2	3	4	5	6	7	0	1	2	3	4	5	6	7	0	1	2	3	4	5	6	7	0	1	2	3	4	5	6
0	1	2	3	4	5	6	7	0	1	2	3	4	5	6	7	0	1	2	3	4	5	6	7	0	1	2	3	4	5	6	7
1	2	3	4	5	6	7	0	1	2	3	4	5	6	7	0	1	2	3	4	5	6	7	0	1	2	3	4	5	6	7	0
2	3	4	5	6	7	0	1	2	3	4	5	6	7	0	1	2	3	4	5	6	7	0	1	2	3	4	5	6	7	0	1
3	4	5	6	7	0	1	2	3	4	5	6	7	0	1	2	3	4	5	6	7	0	1	2	3	4	5	6	7	0	1	2
4	5	6	7	0	1	2	3	4	5	6	7	0	1	2	3	4	5	6	7	0	1	2	3	4	5	6	7	0	1	2	3
5	6	7	0	1	2	3	4	5	6	7	0	1	2	3	4	5	6	7	0	1	2	3	4	5	6	7	0	1	2	3	4
6	7	0	1	2	3	4	5	6	7	0	1	2	3	4	5	6	7	0	1	2	3	4	5	6	7	0	1	2	3	4	5
7	0	1	2	3	4	5	6	7	0	1	2	3	4	5	6	7	0	1	2	3	4	5	6	7	0	1	2	3	4	5	6

Abb. 5.21 Rasterbild 4D-Vision 8-View

Kombinationsvorschrift Philips (9-View)

$$n_V = 9,\ q_A = 2,\ q_B = 8$$

Das Philips-Display arbeitet mit Linsen und ist daher hell. Die Neigung des Rasters ist gegenüber den vorherigen Displays in die andere Richtung verdreht. Die 9 Ansichten verteilen sich über 2 Linsenreihen, was die wahrgenommene Auflösung erhöht (Abb. 5.22).

0	2	4	6	8	1	3	5	7	0	2	4	6	8	1	3	5	7	0	2	4	6	8	1	3	5	7	0	2	4	6	8
8	1	3	5	7	0	2	4	6	8	1	3	5	7	0	2	4	6	8	1	3	5	7	0	2	4	6	8	1	3	5	7
7	0	2	4	6	8	1	3	5	7	0	2	4	6	8	1	3	5	7	0	2	4	6	8	1	3	5	7	0	2	4	6
6	8	1	3	5	7	0	2	4	6	8	1	3	5	7	0	2	4	6	8	1	3	5	7	0	2	4	6	8	1	3	5
5	7	0	2	4	6	8	1	3	5	7	0	2	4	6	8	1	3	5	7	0	2	4	6	8	1	3	5	7	0	2	4
4	6	8	1	3	5	7	0	2	4	6	8	1	3	5	7	0	2	4	6	8	1	3	5	7	0	2	4	6	8	1	3
3	5	7	0	2	4	6	8	1	3	5	7	0	2	4	6	8	1	3	5	7	0	2	4	6	8	1	3	5	7	0	2
2	4	6	8	1	3	5	7	0	2	4	6	8	1	3	5	7	0	2	4	6	8	1	3	5	7	0	2	4	6	8	1
1	3	5	7	0	2	4	6	8	1	3	5	7	0	2	4	6	8	1	3	5	7	0	2	4	6	8	1	3	5	7	0
0	2	4	6	8	1	3	5	7	0	2	4	6	8	1	3	5	7	0	2	4	6	8	1	3	5	7	0	2	4	6	8
8	1	3	5	7	0	2	4	6	8	1	3	5	7	0	2	4	6	8	1	3	5	7	0	2	4	6	8	1	3	5	7
7	0	2	4	6	8	1	3	5	7	0	2	4	6	8	1	3	5	7	0	2	4	6	8	1	3	5	7	0	2	4	6
6	8	1	3	5	7	0	2	4	6	8	1	3	5	7	0	2	4	6	8	1	3	5	7	0	2	4	6	8	1	3	5
5	7	0	2	4	6	8	1	3	5	7	0	2	4	6	8	1	3	5	7	0	2	4	6	8	1	3	5	7	0	2	4
4	6	8	1	3	5	7	0	2	4	6	8	1	3	5	7	0	2	4	6	8	1	3	5	7	0	2	4	6	8	1	3
3	5	7	0	2	4	6	8	1	3	5	7	0	2	4	6	8	1	3	5	7	0	2	4	6	8	1	3	5	7	0	2
2	4	6	8	1	3	5	7	0	2	4	6	8	1	3	5	7	0	2	4	6	8	1	3	5	7	0	2	4	6	8	1
1	3	5	7	0	2	4	6	8	1	3	5	7	0	2	4	6	8	1	3	5	7	0	2	4	6	8	1	3	5	7	0
0	2	4	6	8	1	3	5	7	0	2	4	6	8	1	3	5	7	0	2	4	6	8	1	3	5	7	0	2	4	6	8
8	1	3	5	7	0	2	4	6	8	1	3	5	7	0	2	4	6	8	1	3	5	7	0	2	4	6	8	1	3	5	7
7	0	2	4	6	8	1	3	5	7	0	2	4	6	8	1	3	5	7	0	2	4	6	8	1	3	5	7	0	2	4	6
6	8	1	3	5	7	0	2	4	6	8	1	3	5	7	0	2	4	6	8	1	3	5	7	0	2	4	6	8	1	3	5
5	7	0	2	4	6	8	1	3	5	7	0	2	4	6	8	1	3	5	7	0	2	4	6	8	1	3	5	7	0	2	4
4	6	8	1	3	5	7	0	2	4	6	8	1	3	5	7	0	2	4	6	8	1	3	5	7	0	2	4	6	8	1	3
3	5	7	0	2	4	6	8	1	3	5	7	0	2	4	6	8	1	3	5	7	0	2	4	6	8	1	3	5	7	0	2
2	4	6	8	1	3	5	7	0	2	4	6	8	1	3	5	7	0	2	4	6	8	1	3	5	7	0	2	4	6	8	1
1	3	5	7	0	2	4	6	8	1	3	5	7	0	2	4	6	8	1	3	5	7	0	2	4	6	8	1	3	5	7	0
0	2	4	6	8	1	3	5	7	0	2	4	6	8	1	3	5	7	0	2	4	6	8	1	3	5	7	0	2	4	6	8
8	1	3	5	7	0	2	4	6	8	1	3	5	7	0	2	4	6	8	1	3	5	7	0	2	4	6	8	1	3	5	7
7	0	2	4	6	8	1	3	5	7	0	2	4	6	8	1	3	5	7	0	2	4	6	8	1	3	5	7	0	2	4	6
6	8	1	3	5	7	0	2	4	6	8	1	3	5	7	0	2	4	6	8	1	3	5	7	0	2	4	6	8	1	3	5
5	7	0	2	4	6	8	1	3	5	7	0	2	4	6	8	1	3	5	7	0	2	4	6	8	1	3	5	7	0	2	4

Abb. 5.22 Rasterbild Philips 9-View

Kombinationsvorschrift Sunny Ocean Studios (64-View)

$$n_V = 63, \ q_A = 6, \ q_B = 1$$

Dies ist das Display mit dem größten Betrachtungsraum (Abb. 5.23). Durch die Verwendung einer diffraktiven Barriere ist der Bildschirm dennoch akzeptabel in der Helligkeit.

0	6	12	18	24	30	36	42	48	54	60	3	9	15	21	27	33	39	45	51	57	0	6	12	18	24	30	36	42	48	54	60
1	7	13	19	25	31	37	43	49	55	61	4	10	16	22	28	34	40	46	52	58	1	7	13	19	25	31	37	43	49	55	61
2	8	14	20	26	32	38	44	50	56	62	5	11	17	23	29	35	41	47	53	59	2	8	14	20	26	32	38	44	50	56	62
3	9	15	21	27	33	39	45	51	57	0	6	12	18	24	30	36	42	48	54	60	3	9	15	21	27	33	39	45	51	57	0
4	10	16	22	28	34	40	46	52	58	1	7	13	19	25	31	37	43	49	55	61	4	10	16	22	28	34	40	46	52	58	1
5	11	17	23	29	35	41	47	53	59	2	8	14	20	26	32	38	44	50	56	62	5	11	17	23	29	35	41	47	53	59	2
6	12	18	24	30	36	42	48	54	60	3	9	15	21	27	33	39	45	51	57	0	6	12	18	24	30	36	42	48	54	60	3
7	13	19	25	31	37	43	49	55	61	4	10	16	22	28	34	40	46	52	58	1	7	13	19	25	31	37	43	49	55	61	4
8	14	20	26	32	38	44	50	56	62	5	11	17	23	29	35	41	47	53	59	2	8	14	20	26	32	38	44	50	56	62	5
9	15	21	27	33	39	45	51	57	0	6	12	18	24	30	36	42	48	54	60	3	9	15	21	27	33	39	45	51	57	0	6
10	16	22	28	34	40	46	52	58	1	7	13	19	25	31	37	43	49	55	61	4	10	16	22	28	34	40	46	52	58	1	7
11	17	23	29	35	41	47	53	59	2	8	14	20	26	32	38	44	50	56	62	5	11	17	23	29	35	41	47	53	59	2	8
12	18	24	30	36	42	48	54	60	3	9	15	21	27	33	39	45	51	57	0	6	12	18	24	30	36	42	48	54	60	3	9
13	19	25	31	37	43	49	55	61	4	10	16	22	28	34	40	46	52	58	1	7	13	19	25	31	37	43	49	55	61	4	10
14	20	26	32	38	44	50	56	62	5	11	17	23	29	35	41	47	53	59	2	8	14	20	26	32	38	44	50	56	62	5	11
15	21	27	33	39	45	51	57	0	6	12	18	24	30	36	42	48	54	60	3	9	15	21	27	33	39	45	51	57	0	6	12
16	22	28	34	40	46	52	58	1	7	13	19	25	31	37	43	49	55	61	4	10	16	22	28	34	40	46	52	58	1	7	13
17	23	29	35	41	47	53	59	2	8	14	20	26	32	38	44	50	56	62	5	11	17	23	29	35	41	47	53	59	2	8	14
18	24	30	36	42	48	54	60	3	9	15	21	27	33	39	45	51	57	0	6	12	18	24	30	36	42	48	54	60	3	9	15
19	25	31	37	43	49	55	61	4	10	16	22	28	34	40	46	52	58	1	7	13	19	25	31	37	43	49	55	61	4	10	16
20	26	32	38	44	50	56	62	5	11	17	23	29	35	41	47	53	59	2	8	14	20	26	32	38	44	50	56	62	5	11	17
21	27	33	39	45	51	57	0	6	12	18	24	30	36	42	48	54	60	3	9	15	21	27	33	39	45	51	57	0	6	12	18
22	28	34	40	46	52	58	1	7	13	19	25	31	37	43	49	55	61	4	10	16	22	28	34	40	46	52	58	1	7	13	19
23	29	35	41	47	53	59	2	8	14	20	26	32	38	44	50	56	62	5	11	17	23	29	35	41	47	53	59	2	8	14	20
24	30	36	42	48	54	60	3	9	15	21	27	33	39	45	51	57	0	6	12	18	24	30	36	42	48	54	60	3	9	15	21
25	31	37	43	49	55	61	4	10	16	22	28	34	40	46	52	58	1	7	13	19	25	31	37	43	49	55	61	4	10	16	22
26	32	38	44	50	56	62	5	11	17	23	29	35	41	47	53	59	2	8	14	20	26	32	38	44	50	56	62	5	11	17	23
27	33	39	45	51	57	0	6	12	18	24	30	36	42	48	54	60	3	9	15	21	27	33	39	45	51	57	0	6	12	18	24
28	34	40	46	52	58	1	7	13	19	25	31	37	43	49	55	61	4	10	16	22	28	34	40	46	52	58	1	7	13	19	25
29	35	41	47	53	59	2	8	14	20	26	32	38	44	50	56	62	5	11	17	23	29	35	41	47	53	59	2	8	14	20	26
30	36	42	48	54	60	3	9	15	21	27	33	39	45	51	57	0	6	12	18	24	30	36	42	48	54	60	3	9	15	21	27
31	37	43	49	55	61	4	10	16	22	28	34	40	46	52	58	1	7	13	19	25	31	37	43	49	55	61	4	10	16	22	28

Abb. 5.23 Rasterbild Sunny Ocean Studios 64-View

5.2.3 Moirés

In den vorherigen Kapiteln wurde der Begriff Moiré verwendet. Die Bezeichnung wurde früher für einen speziellen Stoff (Moiree) verwendet, bei dem 2 Lagen zarter, fein gewebter Tuche übereinandergepresst wurden. Durch die zufällige Überlagerung der beiden Webraster entstand der Moiréeffekt. Ein ähnlicher Effekt tritt generell bei der Überlagerung zweier Raster auf, sodass die Übernahme der Bezeichnung aus dem textilen in den technischen Sprachgebrauch naheliegend ist.

In einer ersten Illustration des Moirés an einer Parallaxbarriere ist in Abb. 5.24 die Überlagerung des Separationsrasters mit dem Bildraster eines techXpert-5-View-Displays dargestellt. Links oben ist die Ausgangslage dargestellt, Bild- und Separationsraster sind gemäß der Lehre der vorherigen Kapitel angeordnet. Wird bei der Montage der Barriere

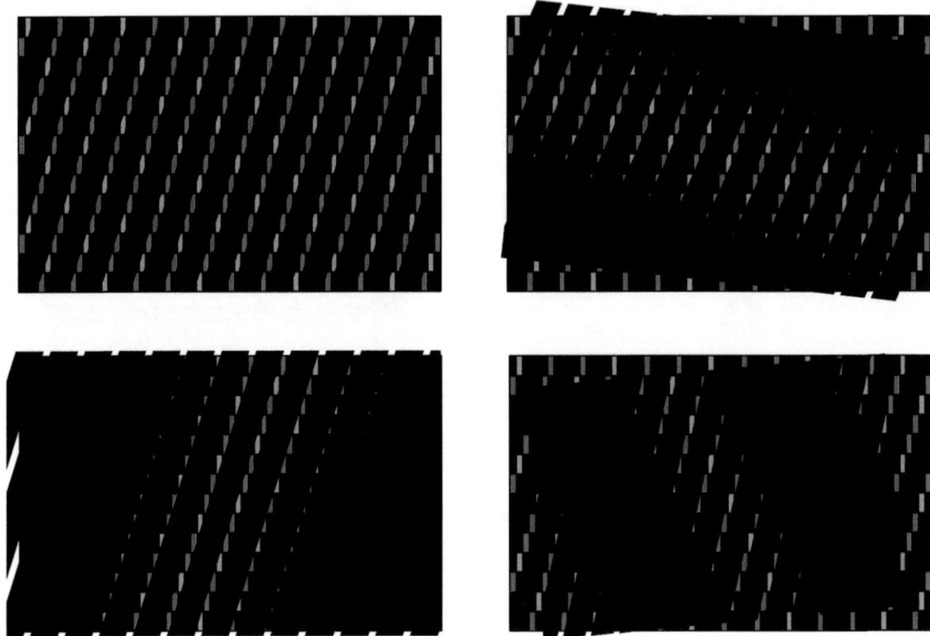

Abb. 5.24 Moiré durch Fehlanpassung

vor dem Bildschirm das Barriereraster gegenüber dem Bildinhalt verdreht, ergibt sich das oben rechts dargestellte Moiré.

Unten links ist illustriert, wenn das Separationsraster gegenüber dem Bildraster vergrößert wäre. Dies ist regelmäßig der Fall, wenn das Separationsraster nicht auf die Betrachtungsentfernung angepasst ist oder die angepasste Betrachtungsentfernung nicht mit der tatsächlichen übereinstimmt. In diesem Fall wäre das System auf eine große Betrachtungsentfernung angepasst, der Betrachter befände sich aber kurz vor dem Bildschirm.

Im Bild unten rechts ist ein doppelter Fehler veranschaulicht (Verdrehung und Skalierung), der einen größeren Einfluss auf die Ausprägung der Moirés hat.

In dem unterliegenden Display ist die Bildrasterung gemäß Kombinationsvorschrift techXpert (5-View) ausgeführt, wobei nur eine einzelne Perspektivansicht mit 100 % Farbwert genutzt wird. Alle übrigen Ansichten sind abgeschaltet (Farbwert 0 %).

5.2.3.1 Reale Aufnahmen

Schon in der vorherigen Übersicht zeigt sich die Abhängigkeit der Moirés von der Betrachtungsposition. Ein Laboraufbau mit Bild- und Separationsraster identisch zum techXpert-5-View-Display wurde vom Autor in einem Optiklabor der Fernuniversität Hagen aufgebaut.

Die Aufnahme (Abb. 5.25) entstand aus einer Betrachtungsentfernung von 2,7 m mit der Kameraposition im zyklopischen Betrachtungspunkt. Im Rasterbild wurde nur ein ein-

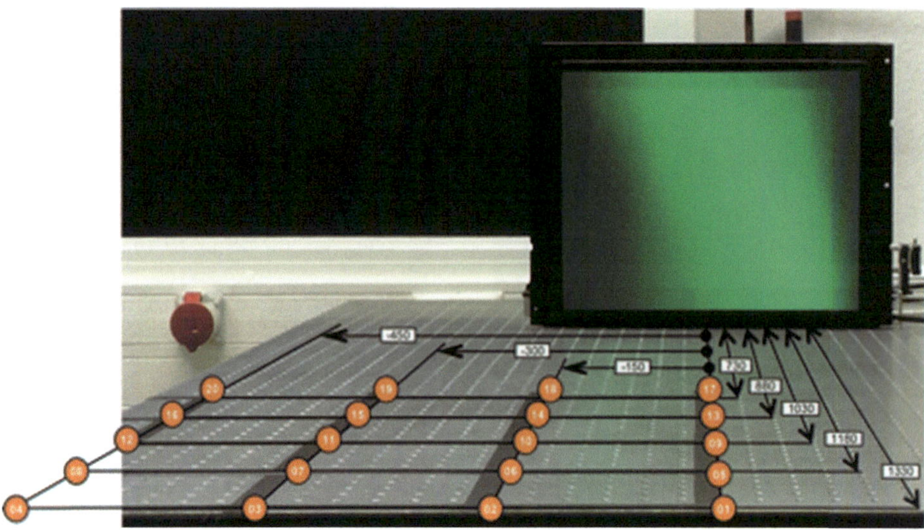

Abb. 5.25 Realaufnahme techXpert 5-View

zelner Kanal (mittlerer Kanal 2) mit Inhalt (100 % grün) gefüllt. Somit sind im Bild nur die grünen Subpixel der Perspektivansicht Nummer 2 eingeschaltet.

Das in Abb. 5.26 beschriebene Testbild ist links dargestellt, rechts daneben eine Illustration der verwendeten Parallaxbarriere. Die Einzelbilder wurden aus den Messpunktpositionen 1–20 gemäß Abbildung Abb. 5.25 aufgenommen (Abb. 5.27).

Deutlich ist die Abhängigkeit der Moiréeffekte von der Betrachtungsposition zu sehen. Dabei wird die Zahl der Moiréstreifen umso größer, je mehr sich ein Betrachter von der Betrachtungsposition entfernt. Das gilt sowohl für eine exzentrische Beobachtung als auch für eine Bewegung senkrecht zum Display (unterschiedliche Betrachtungsentfernungen).

Der Moiréstreifenabstand d_{M} bei nicht verdrehten Rastern (Teilungsmoirés) errechnet sich aus der Differenz der Rasterweiten der Elementarzelle $d_{\mathrm{RI}\,\nu}$ und des Bildrasters

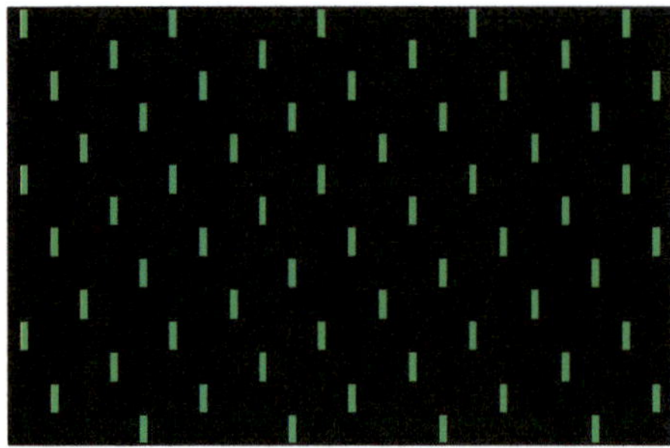

Abb. 5.26 Testbild auf techXpert 5-View

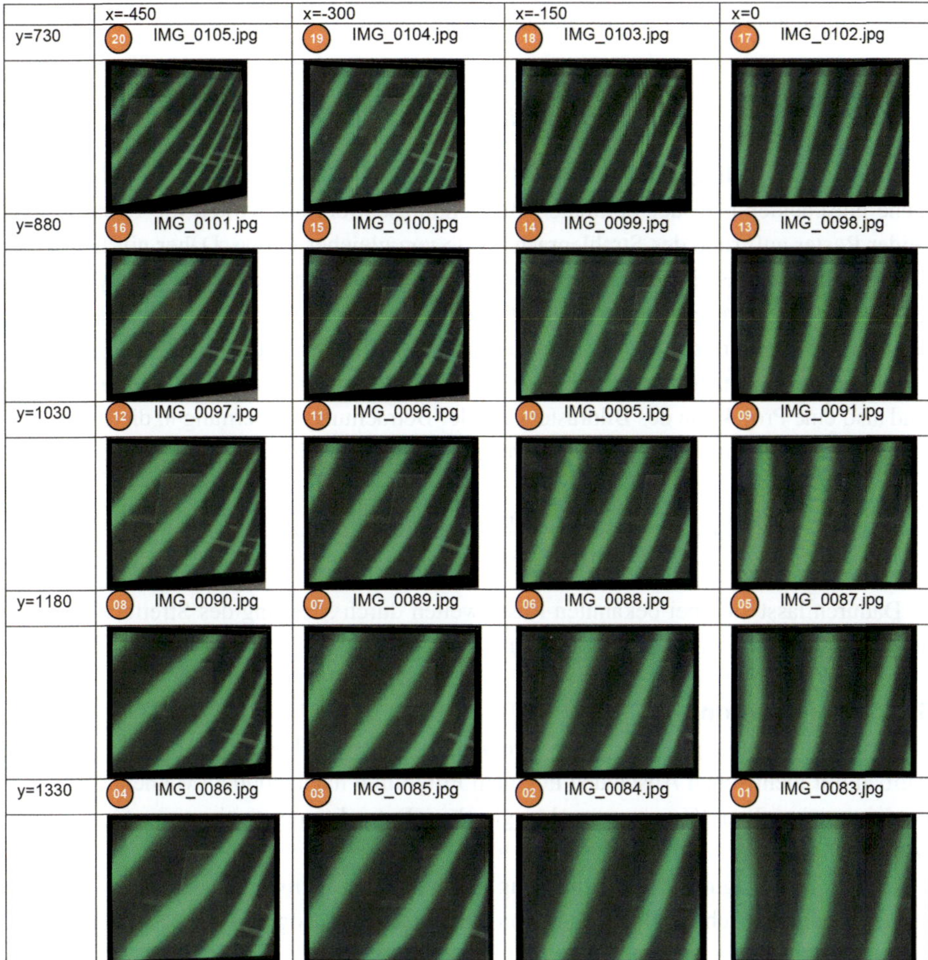

Abb. 5.27 Aufnahmen aus Messpunktpositionen

$d_{\mathrm{R\,S}}$. Nach Gl. 4.11 ist die Rasterweite des Separationsrasters nur eine Funktion des Betrachtungsabstandes a_{O} und des Rasterabstands a_{R} im Verhältnis zur Rasterweite des Bildrasters $d_{\mathrm{R\,I}}$. In einem realen System sind beide Werte in der Regel einmalig während des Systemdesigns festgelegt und nicht variabel. Das reale Bildraster ist demnach eine Berechnung aus den fixen Werten von Rasterabstand und Bildraster sowie dem initialen Wert des Betrachtungsabstands. Diese Werte sind als Systemwerte mit dem zusätzlichen Index „sys" gekennzeichnet.

$$d_{\mathrm{R\,S\,sys}} = d_{\mathrm{R\,I}\,\nu\,\mathrm{sys}} \frac{a_{\mathrm{O\,sys}}}{a_{\mathrm{O\,sys}} + a_{\mathrm{R\,sys}}} \tag{5.6}$$

Die allgemeine Formel für das Teilungsmoiré lautet:

$$d_{\mathrm{M}} = \frac{d_{\mathrm{R\,I}\,\nu} \cdot d_{\mathrm{R\,S}}}{d_{\mathrm{R\,I}\,\nu} - d_{\mathrm{R\,S}}} \quad (\text{mit } d_{\mathrm{R\,I}\,\nu} > d_{\mathrm{R\,S}}). \tag{5.7}$$

Hierbei ist allerdings nicht die tatsächliche Rasterweite, sondern nur die wahrgenommene entscheidend. In der optimalen Betrachtungsentfernung wirken die Rasterweiten beider Raster aufgrund des Strahlenrasters wie von gleicher Größe. Daher gilt hier nicht das Verhältnis von Bildraster zu Separationsraster, sondern das Verhältnis von Systemraster zu Realraster. Im Beispiel müsste das Separationsraster (Realraster) kleiner sein als das initiale Separationsraster (Systemraster), um bei kürzerer Betrachtungsentfernung bei gleichem Rasterabstand eine ideale Projektion des Bildrasters zu sein. Die Moiréstreifen sind also eine Projektion des Bildrasters aus der Betrachtungsentfernung in die Ebene des Separationsrasters und dessen Überlagerung in der gleichen Ebene.

$$d_{\mathrm{M}} = \frac{d_{\mathrm{R\,S\,sys}} \cdot d_{\mathrm{R\,S\,real}}}{d_{\mathrm{R\,S\,sys}} - d_{\mathrm{R\,S\,real}}} \quad (\text{mit } d_{\mathrm{R\,S\,real}} < d_{\mathrm{R\,S\,sys}}) \tag{5.8}$$

Dadurch lässt sich bei bekannten Rasterweiten durch Messung des Streifenabstandes auf die Betrachtungsentfernung schließen.

5.2.3.2 Simulation

Dieser Zusammenhang lässt sich recht einfach simulieren. Der Autor hat den gleichen Aufbau mit identischen Abständen in einem Programm nachgebildet (Mathematica) und mit einer virtuellen Kamera von den gleichen Betrachtungspositionen aufgenommen (Abb. 5.28).

Hierbei ist eine gute Übereinstimmung mit den realen Aufnahmen (Abb. 5.27) festzustellen. Grundsätzlich ist eine Simulation auch eine gute Möglichkeit, den Einfluss von Montage- oder Justierfehlern zu überprüfen.

In Abb. 5.29 ist die Wirkung geringfügiger Verdrehung dargestellt.

Während des Systemdesigns eines autostereoskopischen Displays ist die Simulation von Moirés ein wichtiger Bestandteil der Entwicklung. Die Vergleichbarkeit verschiedener Designs kann erhöht werden, wenn zu jedem Entwurf ein gesamtes Moiréfeld berechnet wird. In einem Moiréfeld werden Einzelbilder aus Betrachtungspositionen des gesamten Betrachtungsraumes dargestellt, um so eine gute Übersicht über die realisierbare Bildqualität und die Bewegungsfreiheit zu erhalten.

Ein solches Moiréfeld ist für das techXpert-5-View-Display dargestellt (Abb. 5.30).

Die Aufnahmen erfolgten jeweils in einem seitlichen Abstand von 65 mm in einem Gesamtbereich von ca. 1 m. Die Entfernung vom Display variierte zwischen 1,3 und 4,8 m. In der idealen Betrachtungsposition sollte eine Bildbreite einem Augenabstand entsprechen und so das Bild vollständig (grün) ausfüllen. Die benachbarten Felder im Augenabstand dürfen dann keine Bildinformation enthalten, da diese einem anderen (hier nicht belegten) Kanal entsprechen.

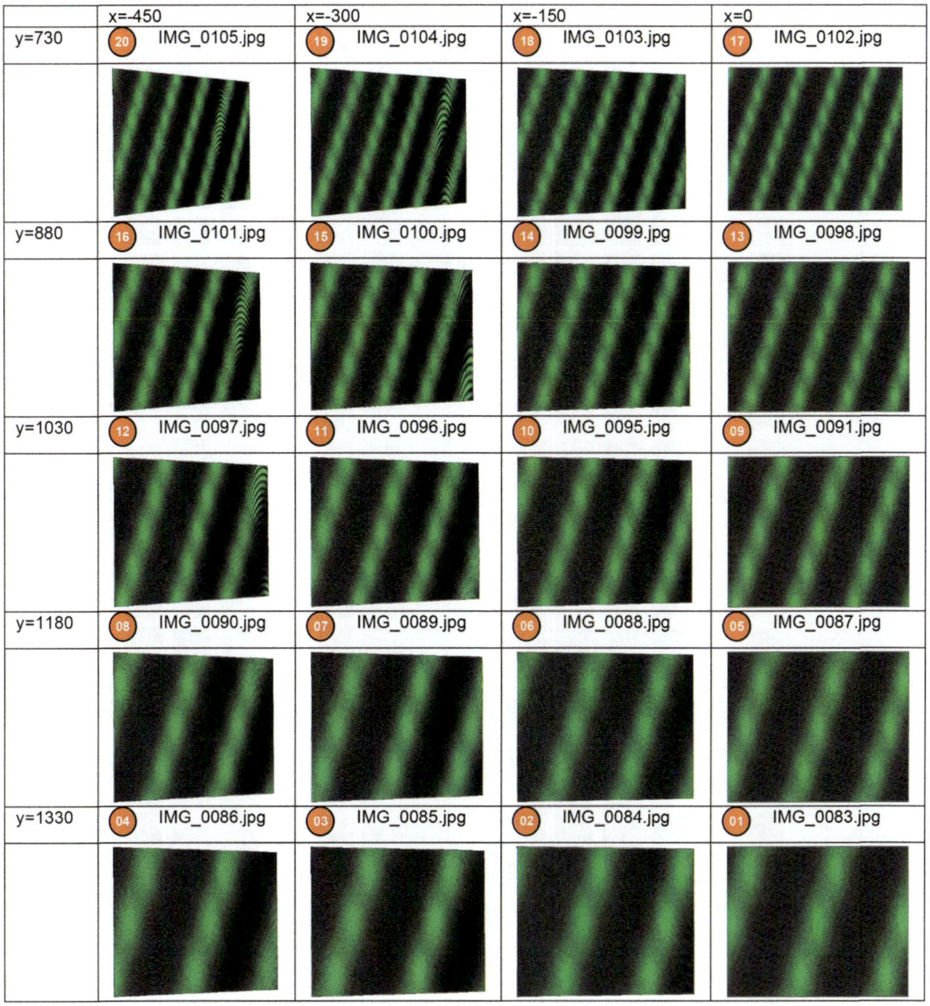

x=-450
x=-300
x=-150
x=0
y=730
20
IMG_0105.jpg
19
IMG_0104.jpg
18
IMG_0103.jpg
17
IMG_0102.jpg
y=880
16
IMG_0101.jpg
15
IMG_0100.jpg
14
IMG_0099.jpg
13
IMG_0098.jpg
y=1030
12
IMG_0097.jpg
11
IMG_0096.jpg
10
IMG_0095.jpg
09
IMG_0091.jpg
y=1180
08
IMG_0090.jpg
07
IMG_0089.jpg
06
IMG_0088.jpg
05
IMG_0087.jpg
y=1330
04
IMG_0086.jpg
03
IMG_0085.jpg
02
IMG_0084.jpg
01
IMG_0083.jpg

Abb. 5.28 Simuliertes Moiré in Mathematica

-0,15°
-0,1°
0°
+0,10°
+0,15°
+0,2°

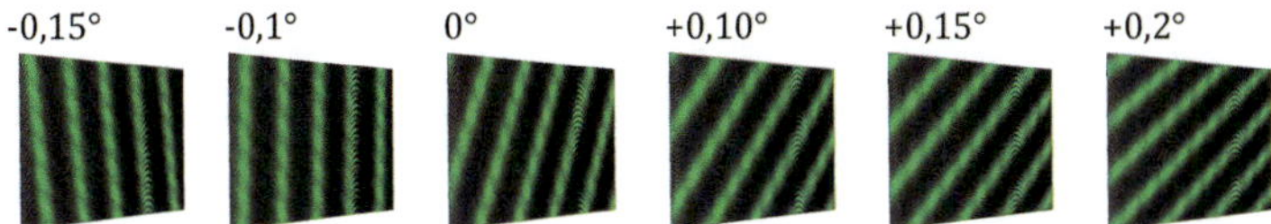

Abb. 5.29 Verdrehungsmoiré

Abb. 5.30 Moiréfeld ist für das techXpert-5-View-Display

Wie man sieht, ergibt sich das Maximum der Kanaltrennung nicht bei 2,7 m, sondern erst bei ca. 3 m. Darauf deutet übrigens schon das Bild in Abb. 5.25 hin, das keine vollständige Ausfüllung des Bildschirms mit dem Testbild zeigt.

Literatur

1. Grasnick, A.: Verfahren zum Erstellen und Anzeigen einer Raumbildvorlage für Abbildungsverfahren mit räumlichen Tiefenwirkungen und Vorrichtung zum Anzeigen einer derartigen Raumbildvorlage. Patent DE 103 48 618 (2003). https://depatisnet.dpma.de/DepatisNet/depatisnet?action=bibdat&docid=DE000010348618B4. Zugegriffen: 5. Jan. 2016
2. Grasnick, A.: Concept of an autostereoscopic system containing 29 million of stereoscopic image pairs. Proc SPIE **9449**, 94490M (2015). http://spie.org/Publications/Proceedings/Paper/10.1117/12.2073594. Zugegriffen: 16.01.2016
3. Waltershausen, W.S. von: Gauss zum Gedächtnis. S. Hirzel, Leipzig (1856). https://books.google.de/books?id=h_Q5AAAAcAAJ. Zugegriffen: 16.01.2016
4. Keppler, J.: Harmonices Mundi. Linz (1619). https://archive.org/details/ioanniskepplerih00kepl. Zugegriffen: 16.01.2016
5. Grasnick, A.: Universal 4dimensional multiplexing of layered disparity image sequences for pixel and voxel based display devices. Proc. SPIE **7526**, 75260V (2010). http://spie.org/Publications/Proceedings/Paper/10.1117/12.838753. Zugegriffen: 16.01.2016

Hyperview 6

Bislang wurden hier verschiedene autostereoskopische Monitore vorgestellt, die über eine begrenzte Anzahl von Perspektivansichten verfügten. Das bisher beschriebene Maximum war das Sunny Ocean-Display mit 64 Views. Die Begrenzung in der Bildzahl hängt mit der verfügbaren Auflösung heutiger Flachdisplays zusammen.

Dennoch gibt es Möglichkeiten, auch eine große Anzahl verschiedener Perspektivbilder in einem konventionellen Display unterzubringen. Der Autor stellte 2014 ein Konzept vor, bei dem in einem Display gleichzeitig 7680 unterschiedliche Ansichten dargestellt werden können [1].

Dieses Verfahren nennt sich „Hyperview".

6.1 7680 Views

29.487.360 (29 Millionen) Perspektiven

In den vorherigen Kapiteln wurde aufgezeigt, dass die Vergrößerung des Betrachtungsraumes mit der Erhöhung der Bildzahl einhergeht. Mit einer Erhöhung der Perspektivbildzahl wird ferner der Konflikt aus Akkommodation und Konvergenz verringert und der sichtbare Übergang zwischen den einzelnen Bildzonen (Pixel Flipping) bis aufs Unmerkliche reduziert. Könnte man die Reduktion in der wahrgenommenen Auflösung vermeiden, wäre die Steigerung der Ansichtenzahl unter Umständen ein Lösungsansatz für den Konflikt aus Erwartungshaltung und realer Machbarkeit.

Nach Entwicklung des 64-View-Displays auf Basis des Sunny Ocean-Displays stellte sich die Frage, ob sich das darin verwirklichte Konzept auch auf größere Bildzahlen übertragen lässt.

Eine der höchsten Auflösungen eines handelsüblichen Flachdisplays hatte das 3D-Display der Sunny Ocean Studios (2560 × 1440 Pixel). Da dieses Display zudem mit einer wechselbaren 3D-Optik ausgestattet war, konnten verschiedene Filter (Parallax- und diffraktive Barrieren) mit dem gleichen Grundgerät getestet werden. Legt man die horizonta-

A. Grasnick, *3D ohne 3D-Brille*, X.media.press, DOI 10.1007/978-3-642-30510-8_6

le Subpixelauflösung des Panels zugrunde, lassen sich gleichzeitig 2560 × 3 = 7680 Spalten darstellen – wenn die Zahl der Pixelspalten gleich der Anzahl der Perspektivbilder ist.

Um die Einzelbilder zu erzeugen, sollte ein hinreichend einfaches und allgemein bekanntes 3D-Modell gefunden werden. Die Wahl fiel auf den Stanford Dragon [2], der seit 1996 [3] ein verbreitetes Testobjekt für diverse 3D-Darstellungen ist.

Der notwendige Bildstapel wurde zuerst in „Mathematica" berechnet, da die mathematische Einflussnahme sich hier einfach bewerkstelligen ließ. Die Bilder sind mit einer geradlinigen Kamerafahrt in einer Entfernung von 2700 Einheiten aufgenommen, in einer horizontalen Entfernung von −460 bis +460 Einheiten. Daraus ergibt sich ein überstrichener Winkel von insgesamt 18,8° oder ein Winkelabstand von nur weniger als 9 Winkelsekunden zwischen benachbarten Bildern.

Dieses Setup entspricht dem Aufbau der Moiréfeldsimulation (Abschn. 5.2.3.2).

Der Stanford Dragon wurde hier mit 2 unterschiedlichen Programmen visualisiert (links Meshlab 1.3.3, rechts Mathematica 8) (Abb. 6.1).

Die gesamte Sequenz der 7680 Bilder wurde in einem Film zusammengestellt, der den kaum wahrnehmbaren Unterschied zwischen den Einzelbildern zeigt (Abb. 6.2).

Dem visuellen Nachweis der Unterschiedlichkeit diente ein weiterer Film, der durch Differenzüberlagerung der Nachbarbilder und nachfolgender Signalverstärkung das tatsächliche Vorhandensein der Unterschiede demonstrierte (Abb. 6.3).

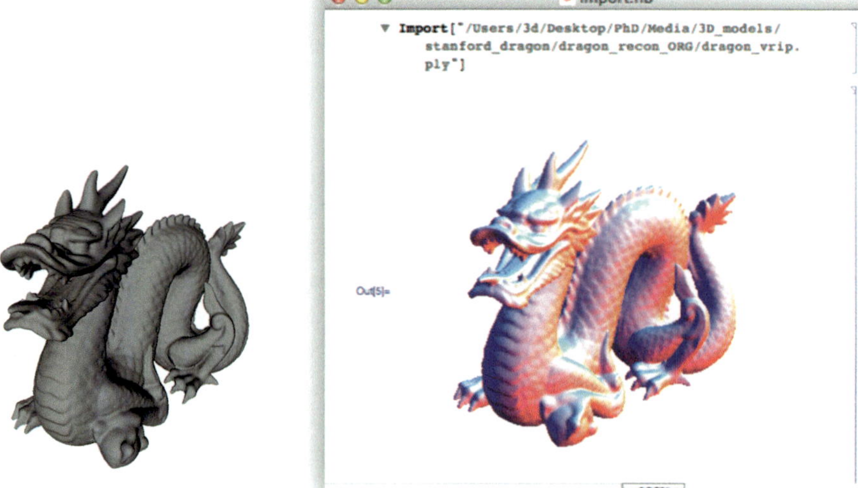

Abb. 6.1 Stanford Dragon, 1. Berechnung des Bildstapels

Abb. 6.2 Originalfilm der 7680 Views, Bild #174

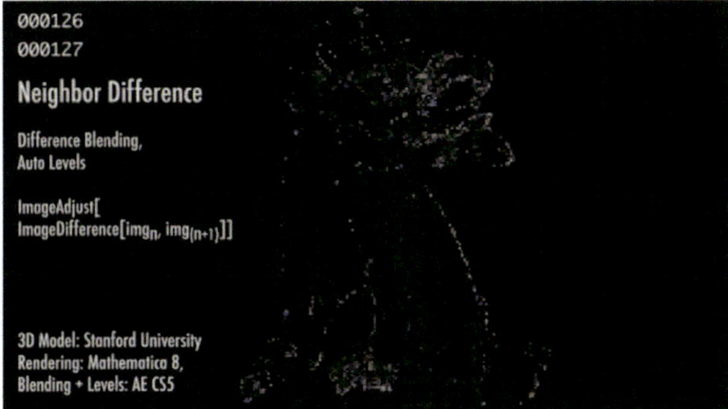

Abb. 6.3 Differenzfilm der 7680 Views, Differenz #126#127

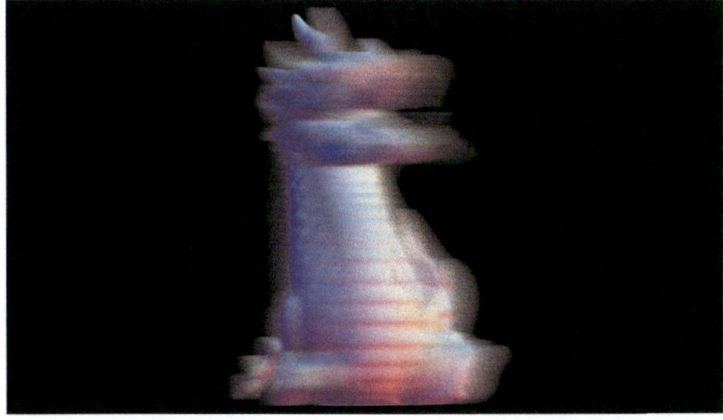

Abb. 6.4 Bildkombination von 7680 Views

Abb. 6.5 7680er-Bildraster mit vorgesetztem Linsenraster

Die Zusammensetzung des Bildrasters erfolgte nach den Regeln der Bildkombination gemäß Abschn. 5.2.2 mit $n_V = 7680$, $q_A = 960$, $q_X = 1$, $q_B = 320$, $q_y = 1$.

Die Abb. 6.4 zeigt nun das reine Bildraster aller 7680 Einzelbilder ohne Separationsraster. Das nächste Bild (Abb. 6.5) zeigt die Separation der Einzelbilder aus einer bestimmten Position mittels eines vorgesetzten Linsenrasters.

6.2 5.760.000 Views

16.588.797.120.000 (16 Billionen) Perspektiven

Natürlich stellt sich nun die Frage, wie weit sich diese Form der autostereoskopischen Darstellung treiben lässt. Wäre es nicht sogar möglich, für jeden Subpixel eines Displays eine einzelne Perspektivansicht zu rechnen? Und wäre es dann nicht interessant, davon auch Animationen erstellen zu können?

Um eine Animation zu erzeugen, bräuchte man zu jedem einzelnen Frame einen Aufbau von unzähligen Kameras. Um das zu umgehen, bietet sich eine Drehtelleranimation

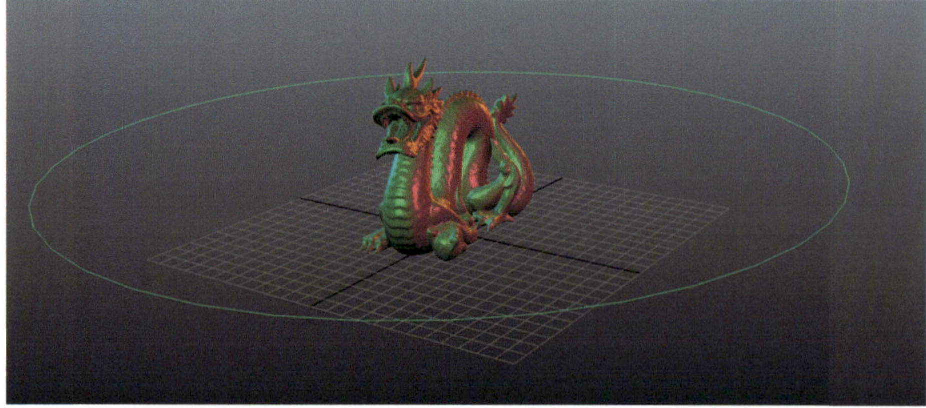

Abb. 6.6 Turntable in Maya

(„turntable“) des Objektes mit nur einer einzigen Kamera an. In einem professionellen Programm (hier Maya) ist das schnell getan (Abb. 6.6).

Gerechnet wurde mit folgenden Einstellungen:

Animation: 360° „turntable animation“ (grüner Kreis = Kamera-Pfad),
Frames: 30.000,
Kamera: Öffnungswinkel = 54,43°, Brennweite = 35 mm, Filmbühne = 24 × 36 mm,
Distanz: z = 22 mm, y = 4,5 mm,
Renderer: mental ray® 3.12.1.17/18,
Bildgröße: 960 × 540 RGB + Alpha,
Render mode: Normal.

Im Vergleich zum Setup war das Berechnen der Einzelbilder weniger schnell erledigt. Zwar dauerte die Berechnung eines einzelnen Bildes in der geringen Auflösung nur etwa 100 s, allerdings ist bei der vollen Animation dieser Wert mal 30.000 zu nehmen:

3.000.000 s = 50.000 min = 833 h = 14 Tage.

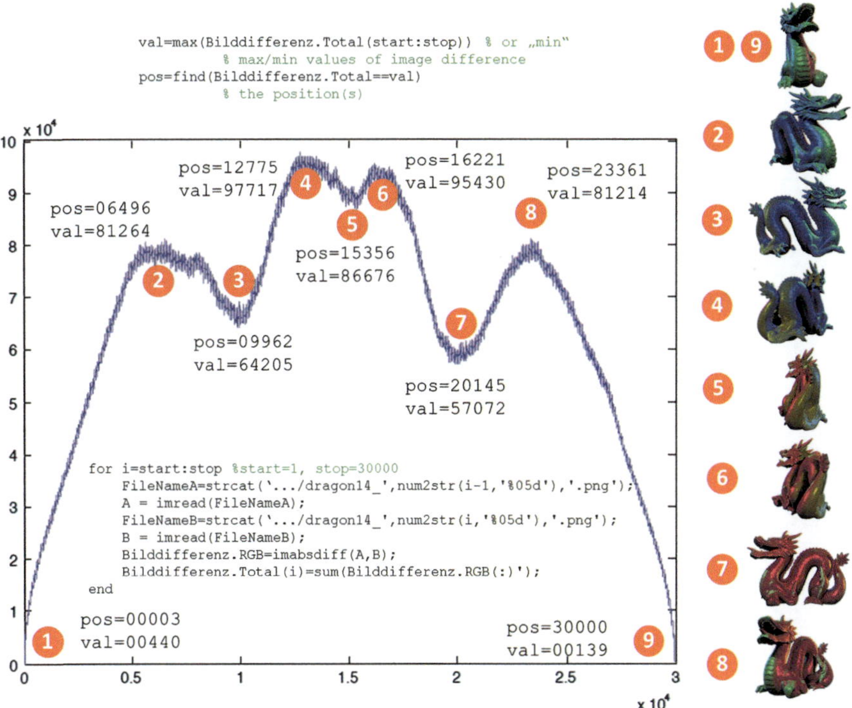

Abb. 6.7 Differenz der Einzelbilder des 30k-Turntable

In der Praxis konnte dieser theoretische Wert nicht erreicht werden: Durch wiederholte Programm- und Systemabstürze wurde letzten Endes ein ganzer Monat daraus.

Das Ergebnis zeigt wie auch im vorherigen Fall die vorhandene Unterschiedlichkeit der Einzelbilder.

Die geringere Differenz am Anfang und Ende der Drehung ist dem in die Animation eingebauten Soft-Start und -Stopp geschuldet (Abb. 6.7).

Letztlich zeigt aber diese Art der Animation auch eindeutig, dass sich ein Hyperview-Display nicht mit einem Brut-Force-Ansatz betreiben lässt.

Setzt man ein Rasterbild aus einer Vielzahl von Perspektivansichten zusammen, so lässt sich leicht feststellen, dass nur ein Teil des jeweiligen Bildes für das Kombinationsbild benötigt wird. Der größte Anteil der Bilder wird nicht genutzt. Würde man also ein autostereoskopisches Display so betreiben, dass jeder einzelne Subpixel eine andere Ansicht enthält, so würde von einem gerenderten Bild eben auch nur dieser eine Subpixel verwendet.

Ein grundsätzlich anderer Ansatz sieht nun vor, nur diejenigen Pixel zu berechnen, die auch tatsächlich benötigt werden. Eine Hyperview-Matrix beschreibt die Position jeder Ansicht und liefert alle Instruktionen für die Render-Engine.

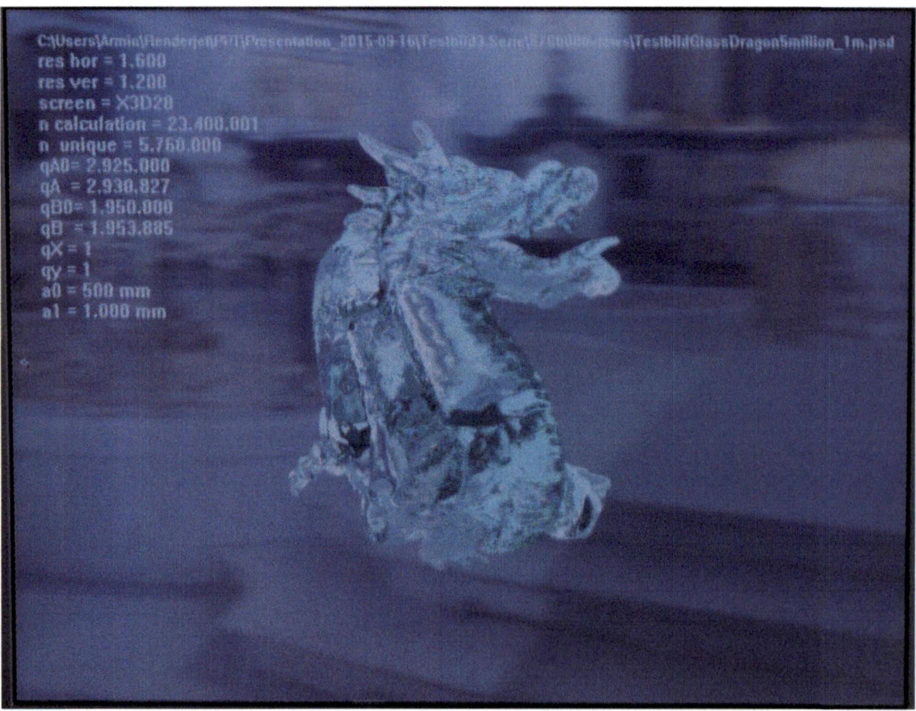

Abb. 6.8 Hyperview-Display mit 5.760.000 Views

Ein erster Prototyp basierte auf dem Photon-Renderer (heute Renderjet) von A. Haberland. Haberland hatte 2015 die Hyperview-Matrix in seinen Renderer integriert, sodass sich nun auch Animationen mit größter Bildzahl in kürzester Zeit erstellen ließen.

Unter Verwendung des Hyperview-Ansatzes ist es dem Autor gelungen, ein 3D-Display (1600×1200 Pixel) so zu betreiben, das für jeden Subpixel eine neue Ansicht generiert wurde ($1600 \times 3 \times 1200 = 5.760.000$) (Abb. 6.8).

Literatur

1. Grasnick, A.: Concept of an autostereoscopic system containing 29 million of stereoscopic image pairs. Proc SPIE **9449**, 94490M (2015). http://spie.org/Publications/Proceedings/Paper/10.1117/12.2073594. Zugegriffen: 16.01.2016
2. Stanford University Computer Graphics Laboratory: "Stanford Dragon", 3D Dataset (1996). http://graphics.stanford.edu/data/3Dscanrep/. Zugegriffen: 17.01.2016
3. Curless, B., Levoy, M.: A volumetric method for building complex models from range images. Proc. Siggraph **96**, 303 (1996). https://graphics.stanford.edu/papers/volrange/volrange.pdf. Zugegriffen: 17.01.2016

Schluss

Der Stand der autostereoskopischen Raumbildtechnik und die wesentlichen Schritte zur Erstellung von Inhalten für autostereoskopische Displays sind in diesem Buch so weit erläutert, dass nach vollständiger Lektüre die Grundlagen zur Entwicklung und Nutzung autostereoskopischer Systeme gelegt sein sollten.

Wie in jeder anderen Fachrichtung kann und muss sich die Technik weiterentwickeln und schließlich einen Zustand erreichen, in dem die räumliche Wirkung eines 3D-Displays nicht durch Zugeständnisse in anderen Parametern erkauft wird.

3D ohne 3D-Brille ist eine reale Option und kann von der Verwendung der Hyperview-Technologie profitieren. Durch die Einführung des selektiven Renderings, bei dem nur diejenigen Bildpunkte berechnet werden, die auch tatsächlich benötigt werden, kann die Erstellung von Hyperview-Inhalten auch in Echtzeit erfolgen.

A. Grasnick, *3D ohne 3D-Brille*, X.media.press, DOI 10.1007/978-3-642-30510-8

Die zukünftige Entwicklung ist nur schwer vorherzusagen – aber eines ist sicher: Echtes 3D ist nur

3D ohne 3D-Brille.

Armin Grasnick
Halbinsel Höri im Bodensee im Winter 2016

Sachverzeichnis

9783642305092